花香四野 诗意芳华

——诗歌植物图鉴

陈明林 编著

安徽师范大学出版社
ANHUI NORMAL UNIVERSITY PRESS
·芜湖·

图书在版编目(CIP)数据

花香四野,诗竞芳华:诗歌植物图鉴 / 陈明林编著. — 芜湖:安徽师范大学出版社, 2021.3
ISBN 978-7-5676-3954-6

Ⅰ.①花… Ⅱ.①陈… Ⅲ.①植物—图集 Ⅳ.①Q94-64

中国版本图书馆CIP数据核字(2021)第037931号

花香四野,诗竞芳华——诗歌植物图鉴　　陈明林◎编著
HUAXIANG SIYE SHIJING FANGHUA SHIGE ZHIWU TUJIAN

策划编辑:童　睿
责任编辑:童　睿
责任校对:胡志恒
装帧设计:张德宝
责任印制:桑国磊
出版发行:安徽师范大学出版社
芜湖市北京东路1号安徽师范大学赭山校区
网　址:http://www.ahnupress.com/
发 行 部:0553-3883578　5910327　5910310(传真)
印　刷:苏州市古得堡数码印刷有限公司
版　次:2021年3月第1版
印　次:2021年3月第1次印刷
规　格:880 mm × 1230 mm　1/16
印　张:19.25
字　数:430千字
书　号:ISBN 978-7-5676-3954-6
定　价:398.00元

序

中国历史源远流长，中华文化博大精深，中华民族善于观察、善于思考、善于创新。诗、词、歌、赋等古典文学作品，承载了千百年的文化积淀，记录了古人的所见、所闻、所思、所想，时至今日，依然散发着无穷的魅力。阅读古典诗词，常常能带给我们沁人心脾的美感享受及情感触动。中央电视台于2016年推出的《中国诗词大会》以“赏中华诗词，寻文化基因，品生活之美”为宗旨，通过演播室比赛的形式，分享诗词之美，感受诗词之趣，引起了热烈反响，并获得了巨大成功。在此背景下，许多大中专院校、中学及小学也积极开展了学诗词、背诗词、赏诗词的学习活动，营造了发扬中华优秀传统文化的浓郁氛围。

在浩瀚的诗词海洋中，写景的诗词占有极大的比例，古代诗人常常借景烘托气氛、营造意境或抒发感情。其中，最常入景的便是各种植物。有直接描写植物特征的，如“碧玉妆成一树高，万条垂下绿丝绦”或“紫房日照胭脂拆，素艳风吹腻粉开”；有描写植物物候的，如“人间四月芳菲尽，山寺桃花始盛开”或“停车坐爱枫林晚，霜叶红于二月花”；也有借植物表达情感的，如“苔花如米小，也学牡丹开”或“无意苦争春，一任群芳妒。零落成泥碾作尘，只有香如故”。然而，古时的文人墨客并没有植物分类的概念，描述入诗的植物多数时候都是泛指，概括起来无非是“花花草草”。为了更好地讲解诗词的内容，理解诗词的意境，将古诗词中描述的植物与我们日常所能见到的植物有机地对应起来，是一个非常值得探索的领域。

安徽师范大学生命科学学院陈明林教授在此方面做出了积极的探索尝试。陈明林教授作为一名植物学工作者，常常为广大师生解答关于古诗词中的植物名实问题，在此过程中，澄清了许多关于植物身份的误读，积累了大量的素材。在结合自己的植物分类学知识及文学修养的基础上，进而编纂了《花香四野，诗竞芳华——诗歌植物图鉴》一书。在该书中，作者对三百余首古诗词中的植物文学意境进行了赏析，对其中的植物名称进行了辨识，并分门别类进行了总结，为学习和赏析关于植物的古诗词提供了一本难得的工具书。全书共计122篇，涉及相关植物三百余种，作者从植物分类学的角度对许多近缘种或相似种进行了形态学的比较，着重澄清了易于混淆的植物种类，因此该书也可作为常见植物分类的一部工具书。尤其难能可贵的是，书中有很多精美的植物图片，绝大多数都是作者积二十年之功亲自拍摄而来，直观而形象，因此该书也是一本优秀的植物摄影图鉴。

李波

2021年2月9日

前　言

一花一世界，一诗一菩提。植物世界精彩非凡，植物故事源远流长，植物诗词雅趣共赏。

“原本山川，极命草本。”情系自然，草木春秋。昙花一现，须臾之间；铁树开花，历尽风霜；风吹麦浪，谷香千年；葵花追日，亘古如斯。植物无言，但却有情：在于静美，在于萌动，在于淡泊，在于永恒。源于对植物的挚爱，二十多年来，跋山涉水，赴北美，探欧非，无论长亭短岗，亦或谷壑溪头，喜欢架起相机定格最美的瞬间，聚焦小草的吐芽、山花的绽放、鲜果的成熟与生命的生生不息……

“诗者，志之所之也。在心为志，发言为诗。”纷繁生活，那诗歌就是精神的花朵，同时也是远方与希望……

桃红柳绿，均沾诗情；花开花谢，皆入歌赋。当感性的映象与理性的思索共鸣在一起，一念间山河在心，一念间思如春草，《花香四野，诗竞芳华——诗歌植物图鉴》便应运而生。

本书凡计122篇，涉及相关植物三百余种，诗歌三百余首，并依据植物的主要识别特征、分布、用途、诗歌赏析、植物文化等内容进行介绍，以求达到科学欣赏与大众科普的目的。为增强科普性与可读性，把日常生活中的名花尽收其中，如“中国十大名花”“岁寒三友”“花草四雅”“盛夏三白”，以及“五谷杂粮”等。同时，对古诗词的植物与当今的植物进行了细心的考证，如“蜡梅”和“腊梅”的历史演变，王维《九月九日忆山东兄弟》诗中“遍插茱萸少一人”指的是“山茱萸”还是“吴茱萸”?“蝴蝶花”“桐木”“菖蒲”种类多少？书中还指出“鼓子花”“米囊花”“𦬊葬”“蒹葭”“荼蘼”“檐卜”“芣苢”“芄兰”“槚”“藿”“薇”“萑”“莠”“莔”“朝颜”“昼颜”“暮颜”“夕颜”与现今植物的对应关系。花香无数，诗海如烟。诸多考证，让诗词更贴近生活，让花卉更添意蕴。期待本书可以为诗歌爱好者、大中小学生、植物分类及摄影爱好者提供参考。

本书在编纂过程中，承蒙江西农业大学李波教授、中国科学院植物研究所刘冰博士、安徽师范大学邵剑文教授及相关师友提出许多宝贵意见和建议，在此表示衷心的感谢。同时，感谢浙江大学傅承新教授、深圳兰科植物保护研究中心严岳鸿研究员、中国科学院植物研究所刘冰博士、中国科学院西双版纳热带植物园孟宏虎博士、中国科学院华南植物园叶育石博士、上海辰山植物园陈彬博士、安徽师范大学邵剑文教授和师雪芹博士为本书提供了部分植物的精美图片。本书得到安徽师范大学生命科学学院、科研处和出版社基金资助和安徽省植物学会的大力支持，在此一并致谢。

限于水平，本书在撰写过程中难免有遗珠之憾，或述说失当之处，欢迎指正。

陈明林

于安徽师范大学赭山校区生化楼
2020年11月27日

目　录

杨柳篇 …… 1
杨梅篇 …… 4
桑树篇 …… 6
薜荔篇 …… 9
蓼花篇 …… 11
鸡冠花篇 …… 14
雁来红篇 …… 16
千日红篇 …… 18
石竹篇 …… 20
剪秋罗篇 …… 22
荷花篇 …… 24
牡丹篇 …… 26
南天竹篇 …… 28
木兰篇 …… 30
含笑篇 …… 34
蜡梅篇 …… 37
香樟篇 …… 40
菟丝子篇 …… 42
虞美人篇 …… 44
油菜篇 …… 46
枫树篇 …… 48
蔷薇篇 …… 51
海棠篇 …… 54
樱花篇 …… 58
桃花篇 …… 62
李花篇 …… 65
杏花篇 …… 68
梅花篇 …… 71
梨花篇 …… 74
枇杷篇 …… 77
绣线菊篇 …… 79
珍珠梅篇 …… 81
金樱子篇 …… 83
石楠篇 …… 85
大豆篇 …… 87
决明篇 …… 89
巢菜篇 …… 91
槐树篇 …… 95
合欢篇 …… 97
紫藤篇 …… 99
紫荆篇 …… 101
刺桐篇 …… 103
吴茱萸篇 …… 105
苦楝花篇 …… 108
凤仙花篇 …… 110
枣花篇 …… 112
扶桑篇 …… 114
木芙蓉篇 …… 117
木棉花篇 …… 119
木槿篇 …… 121
冬葵篇 …… 123
梧桐篇 …… 126
西番莲篇 …… 129
茶花篇 …… 131
秋海棠篇 …… 133
仙人掌篇 …… 135

紫薇篇 …………………………………………138
凌霄花篇 ………………………………………140
石榴篇 …………………………………………142
菱角篇 …………………………………………144
杜鹃花篇 ………………………………………146
报春花篇 ………………………………………149
柿树篇 …………………………………………151
桂花篇 …………………………………………153
丁香篇 …………………………………………155
迎春花篇 ………………………………………157
荇菜篇 …………………………………………160
夹竹桃篇 ………………………………………162
萝藦篇 …………………………………………164
鼓子花篇 ………………………………………166
牵牛篇 …………………………………………169
益母草篇 ………………………………………172
枸杞篇 …………………………………………174
曼陀罗篇 ………………………………………176
泡桐篇 …………………………………………178
栀子花篇 ………………………………………180
茉莉花篇 ………………………………………182
车前篇 …………………………………………184
琼花篇 …………………………………………186
金银花篇 ………………………………………188
锦带花篇 ………………………………………190
菊花篇 …………………………………………192
向日葵篇 ………………………………………195
慈姑篇 …………………………………………197
竹　篇 …………………………………………199
水稻篇 …………………………………………201
麦子篇 …………………………………………203
玉米篇 …………………………………………205
高粱篇 …………………………………………207
黍　篇 …………………………………………209
粟　篇 …………………………………………211
狗尾草篇 ………………………………………213
芦苇篇 …………………………………………215
荻　篇 …………………………………………218
白茅篇 …………………………………………220
茭白篇 …………………………………………222
棕榈篇 …………………………………………224
椰子篇 …………………………………………226
菖蒲篇 …………………………………………228
浮萍篇 …………………………………………233
百合篇 …………………………………………236
萱草篇 …………………………………………238
吊兰篇 …………………………………………240
麦冬篇 …………………………………………242
玉簪篇 …………………………………………244
菝葜篇 …………………………………………246
水仙篇 …………………………………………249
彼岸花篇 ………………………………………251
晚香玉篇 ………………………………………253
蝴蝶花篇 ………………………………………254
芭蕉篇 …………………………………………259
红豆蔻篇 ………………………………………261
美人蕉篇 ………………………………………263
兰花篇 …………………………………………265
苏铁篇 …………………………………………269
银杏篇 …………………………………………271
松树篇 …………………………………………273
柏树篇 …………………………………………277
罗汉松篇 ………………………………………280
蕨菜篇 …………………………………………283
苔藓篇 …………………………………………285
松萝篇 …………………………………………287
拉丁文索引 ……………………………………289
中文索引 ………………………………………294

杨柳篇

垂　柳 *Salix babylonica*

【科】杨柳科 Salicaceae

【属】柳属 *Salix*

【主要特征】乔木。叶互生，条状披针形（图1，图2）。雄蕊2，花丝分离，花药黄色，腺体2（图3）。雌花子房无柄，腺体1。花期3～4月，果期4～6月。

【分布】产于我国长江流域与黄河流域，亚洲、欧洲、美洲各国均有引种。

【用途】园林观赏植物；木材可制家具；树皮含鞣质，可提制栲胶；叶可作羊饲料。

图1　垂　柳

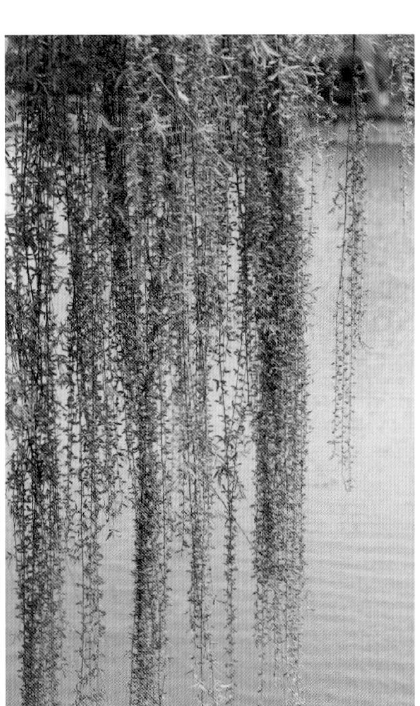

图2　垂柳枝叶

图3　垂柳葇荑花序

【植物诗歌】

竹枝词

唐·刘禹锡

杨柳青青江水平，闻郎江上唱歌声。

东边日出西边雨，道是无晴却有晴。

赏析：这是一首描写青年男女爱情的诗，表达了初恋的少女在杨柳青青、江平如镜的阳春（图4）听到情郎的歌声所产生的内心活动。其实少女心中早爱上了小伙子，但对方还没有明确表态。"东边日出西边雨，道是无晴还有晴"，诗歌以"晴"寓"情"，具有含蓄的美，表现女子含羞不露的内在感情，十分贴切自然，因此这两句成为人们喜爱和引用的佳句。

图4　春日垂柳

图5　柳　絮

【植物文化】

花语：愁伤。

柳树为何称为"杨柳"？据古代传奇小说《开河记》载，隋炀帝登基后，下令凿通济渠，并听从虞世基建议，在新开的大运河两岸种柳。隋炀帝不仅亲自种植，还御书赐柳树姓杨，享受与帝王同姓之殊荣，从此柳树便有了"杨柳"的美称。

杨柳常引起别愁，如李白《春夜洛城闻笛》的"此夜曲中闻折柳，何人不起故园情"，五代冯延巳的"撩乱春愁如柳絮，悠悠梦里无寻处"（图5）。古代诗词中"杨柳"意象不是指杨树和柳树，而多指柳树，如韩愈《晚春》的"杨花榆荚无才思，惟解漫天作雪飞"，诗人告诉人们不因"无才"而藏拙，不畏"班门弄斧"之讥，避短用长，争鸣争放，为"晚春"添色。

图6　意杨果枝

其实，杨柳代表杨柳科杨属(*Populus*)和柳属两大类群。杨树常见的主要有：意杨(*Populus × euramevicana* cv.'I-214')(图6，图7)、加杨(*Populus × canadensis*)。意杨叶柄顶端具有2~6个腺体，叶基部心形(图8)；加杨叶柄顶端具腺体0或1，叶基部菱形(图9)。

图7　意杨蒴果

图8　意杨叶

图9　加杨叶

杨梅篇

杨　梅 *Myrica rubra*

【科】杨梅科 Myricaceae

【属】杨梅属 *Myrica*

【主要特征】又名朱红、圣僧梅等。常绿小乔木或灌木。叶革质(图1)。花雌雄异株。雄花序单独或数条丛生于叶腋,圆柱状,长1～3 cm,通常不分枝呈单穗状,稀在基部有不显著的极短分枝现象。雌花序常单生于叶腋,较雄花序短而细瘦(图2)。核果球状,外表面具乳头状凸起,径1～1.50 cm。

【分布】我国云南、贵州、浙江、江苏、福建、广东、湖南、广西、江西、四川、安徽、台湾等地区有分布,日本、韩国、印度、缅甸、越南、菲律宾等也有分布。

【用途】药用,食用。

图1　杨　梅

图2 杨梅雄花序

【植物诗歌】

杨梅词(其一)

清·杨炤

江南佳果数杨梅，

一日须尝一百回。

忆昔身闲能发兴，

携僧鼓棹入山来。

赏析：吴中光福是苏州花果之乡，有梅花、桂花，还盛产杨梅。光福种植杨梅历史悠久，早在唐宋时期已经闻名江南，宋《太平寰宇记》就有记载：“杨梅，出光福山铜坑者为第一。”诗人以为光福杨梅是江南佳果，因而“一日须尝一百回”，曾经与僧人鼓棹而来，反映其对光福杨梅的嗜好。杨梅果红味佳，明代的徐阶赞杨梅完胜荔枝：“折来鹤顶红犹湿，剜破龙睛血未干。若使太真知此味，荔枝焉得到长安。”足见杨梅的味美。

【植物文化】

杨梅是我国历史悠久的特产果树，李时珍在《本草纲目》中说：“其形如水杨，而味似梅。”所以叫杨梅。据新石器时代河姆渡遗址出土的文物考证，野生杨梅的生长史距今已有7 000余年。公元前2世纪，司马相如在《上林赋》中，最早记有“樗枣杨梅”的诗句，证实人工栽培史至少有2 200多年。

至于成语“望梅止渴”，典出《世说新语·假谲》，说的是曹操率领部队去讨伐张绣，骄阳似火，天气太热，为激励士气，曹操说：“前有大梅林，饶子，甘酸，可以解渴。”其中的“梅”是指杨梅或青梅现在还无定论，但从解渴的角度分析，更倾向于指杨梅。

桑树篇

桑 *Morus alba*

图1　桑树叶

【科】桑科 Moraceae

【属】桑属 *Morus*

【主要特征】落叶乔木或灌木。植物体富含乳浆。叶卵形至广卵形，边缘有粗锯齿（图1）。花单性，雌雄同株，组成腋生假穗状花序。雄花花被裂片4，绿色，花丝内折，开花时以弹力直伸（图2）。雌花花被裂片4，柱头2裂（图3）。聚花果卵圆形或圆柱形，黑紫色或白色，俗称“桑葚”。花期5月，果熟期6～7月。

【分布】原产于我国中部和北部。朝鲜、日本、蒙古、中亚各国、俄罗斯等欧洲各国，以及印度、越南亦有栽培。

【用途】叶为桑蚕饲料；桑皮可作造纸原料；桑葚可供食用，酿酒；叶、果和根皮可入药。

图2　桑树雄花序

图3　桑树雌花序

【植物诗歌】

酬乐天咏老见示

唐·刘禹锡

人谁不愿老，老去有谁怜？

身瘦带频减，发稀冠自偏。

废书缘惜眼，多炙为随年。

经事还谙事，阅人如阅川。

细思皆幸矣，下此便翛然。

莫道桑榆晚，为霞尚满天。

赏析：人谁不怕老，老了又有谁来怜惜你呢？身体消瘦衣带常常紧缩，头发稀疏帽子便容易偏斜，为了爱惜眼睛而废弃读书，经常请医生调理、治疗，是为了延年益寿。后六句诗意产生了巨大的转折，诗情一振而起，意指人老经历多，理解也深刻透彻，看人也像看山河大川一样，一目了然，有很深的洞察力，充满一种辩证思想。全诗感情深挚，表达了诗人对老朋友的真情关爱和真诚劝勉。桑榆，喻日暮，意思是撒出的晚霞还可以照得满天通红、灿烂无比。这里诗人用一个令人神往的深情比喻，托出了一种豁达乐观、积极进取的人生态度。

【植物文化】

花语：生死与共，同甘共苦。

据史载，约在5 000年以前，先民就在中原大地上栽植桑树，殷商时期的甲骨文中已有“桑”字（图4），充分反映了耕织文化在远古时代就十分繁荣。《说文解字·叒部》：“桑，蚕所食叶木。从叒、木。”“叒”，音ruò（若）。叒木，是古代神话中的神木，名榑桑，又称扶木，据说太阳初生时登上此木。徐锴《说文解字系

图4　桑字甲骨文

传》:“《十洲记》说,榑桑两两相扶,故从三‘又’,象桑之婀娜也。”

在农耕社会,“鸡犬桑麻”一直是古人孜孜追求的安居乐业的田园生活。除了桑树,古人还常在房前屋后栽种梓树,后世因以“桑梓”作为故土、家乡的代称。《诗经》中收录了许多以桑为题材的诗篇,如《小雅·小弁》有“维桑与梓,必恭敬止”,赞扬某人为家乡造福,往往称其“功在桑梓”;《魏风·十亩之间》有“十亩之间兮,桑者闲闲兮,行与子还兮!十亩之外兮,桑者泄泄兮,行与子逝兮”,描写了一群采桑女在桑林中穿梭,劳动即将结束时,相互招呼,结伴同归的情景,洋溢着愉快而轻松的氛围。唐宋时期,以桑树为题材的田园诗词最盛,如孟浩然《过故人庄》:“故人具鸡黍,邀我至田家。绿树村边合,青山郭外斜。开轩面场圃,把酒话桑麻。待到重阳日,还来就菊花。”农家的恬静、安逸和期盼跃然纸上。宋代诗人陆游与桑蚕有关的诗就达百余首,其中有“洲中未种千头橘,宅畔先栽百本桑”“郁郁林间桑椹紫,茫茫水面稻苗青”等著名诗句。

薜荔篇

薜　荔 *Ficus pumila*

【科】桑科 Moraceae

【属】榕属 *Ficus*

【主要特征】又称木莲、木馒头。攀援或匍匐灌木。叶两型，一般营养叶薄而小，生殖叶厚而大（图1）。雌雄异株，隐头花序，雄花，生榕果内壁口部，雄蕊2枚，花丝短，瘿花具柄，花柱侧生，短。雌花生另一植株榕果内壁。榕果单生叶腋，雌果近球形，顶部截平，略具短钝头或为脐状凸起，雄果里面空空如也，用手捏像馒头一般，软软的，故别名“木馒头”（图2）。雌果被榕小蜂授粉之后会结籽。花果期5～8月。

【分布】产于我国华东、华南、西南等地，日本、越南也有。

【用途】药用；食用，可制作凉粉；园林观赏。

图1　薜　荔

【植物诗歌】

早发始兴江口至虚氏村作

唐·宋之问

候晓逾闽峤，乘春望越台。
宿云鹏际落，残月蚌中开。
薜荔摇青气，桄榔翳碧苔。
桂香多露裛，石响细泉回。
抱叶玄猿啸，衔花翡翠来。
南中虽可悦，北思日悠哉。
鬓发俄成素，丹心已作灰。
何当首归路，行剪故园莱。

图2 薜荔切开的幼果

赏析：唐神龙元年（705年）正月，宰相张柬之与太子典膳郎王同皎等逼武后退位，诛杀二张，迎立唐中宗，宋之问与杜审言等遭贬谪。宋之问贬泷州（今广东罗定县）参军，诸事艰难，慕念昔荣，次年春便秘密逃回洛阳，这首诗作于诗人贬官南行途中。

此诗从所写景物表现出来的新鲜感看来，似为他初贬岭南时所作。开篇点题交代了时间是在“春”“晓”，描绘了从始兴县的江口至虚氏村途中经过的高山峻岭，并特意渲染晨空特有的“宿云”“残月”景象。从“薜荔摇青气”开始的后六句极力渲染赏心悦目的南国景色。一个“摇”字，生动地描画出了薜荔枝叶攀腾、扶摇直上与青气郁勃、无以自守的情态。然后诗人用笔由视觉到嗅觉，听石响细泉，到闻桂花飘香。“抱叶”二句转写动物，这就使画面更充满活力，线条、色彩、音响以至整个情调更其动人。最后六句抒怀。“南中虽可悦”，但官场的荣辱无常，增强了诗人的思乡之情。末两句直抒胸臆：何时能走向返回故乡的路呢？本诗以景衬情，不惜浓墨重彩去写景，从而使所抒之情越发显得真挚深切。诗人笔下的树木、禽鸟、泉石所构成的统一画面是南国所特有的，其中的一草一木无不渗透着诗人初见时所特有的新鲜感。特定的情与特有的景相统一，使这首诗有着很强的艺术感染力。

【植物文化】

薜荔寓意：苍凉、寂寞、感伤。

薜荔，在《本草纲目》中作“木莲”名，李时珍描述：“不花而实，实大如杯，微似莲蓬而稍长，正如无花果之生者。”清代吴其浚的植物学专著《植物名实图考》云：“木莲即薜荔，自江而南，皆曰木馒头。”司马光把薜荔列为高雅植物，如《邵不疑厅薜荔及竹》中写道“修竹非俗物，薜荔亦佳草”。梅尧臣也是喜欢薜荔之人，他在《松风亭》中抓住薜荔耐阴的特性“春城百花发，薜荔上阴阶”，足见其观察之入微。在描写薜荔景观方面，杜甫诗最为经典：“红浸珊瑚短，青悬薜荔长。”

蓼花篇

红　蓼 *Polygonum orientale*

【科】蓼科 Polygonaceae

【属】蓼属 *Polygonum*

【主要特征】也叫荭草。一年生草本植物(图1)。茎粗壮直立,叶片宽卵形,顶端渐尖,基部圆形或近心形,两面密生柔毛。托叶鞘筒状,膜质(图2)。总状花序呈穗状,顶生或腋生,微下垂,花被片椭圆形,花蜜腺明显(图3)。瘦果近圆形。花期6~9月,果期8~10月。

【分布】除西藏外,广布我国各地;朝鲜、日本、俄罗斯、菲律宾、印度、欧洲和大洋洲也有分布。

【用途】野生或栽培,适于观赏;果实入药,名"水红花子",有活血、止痛、消积、利尿功效。

图1　红　蓼

【植物诗歌】

满庭芳·红蓼花繁

宋·秦观

红蓼花繁,黄芦叶乱,夜深玉露初零。霁天空阔,云淡楚江清。独棹孤篷小艇,悠悠过、烟渚沙汀。金钩细,丝纶慢卷,牵动一潭星。

时时横短笛,清风皓月,相与忘形。任人笑生涯,泛梗飘萍。饮罢不妨醉卧,尘劳事、有耳谁听?江风静,日高未起,枕上酒微醒。

图2　红蓼托叶鞘

图3　红蓼花序

赏析：词作上片写楚江垂钓，犹如一幅清江月夜独钓图。蓼花盛开，芦叶凋零。“夜深玉露初零”，词人透过色的明与暗，造境的野而幽，烘托出江边的凄清气氛。接着渲染秋夜江天，秋高云淡，水天一色，境界高远。小艇、孤篷，本来够寂寞了吧，可是这位独舟人，却是悠哉悠哉地驶过烟雾迷离的沙岸小洲，从而把一件江中荡舟的极平常事，不仅写得摇曳生姿，而且充分表达出耐人寻味的生活情趣。此时，“孤篷小艇”停了下来，词人垂钓江中，悬着细钩的丝线，慢慢地从水中拉起，泛起道道水面涟漪，向外扩展，使一派水面上倒映的星光动荡不已，十分美妙，表现出泛江垂钓者的悠然自得的情趣。下片承接上片词意而来，继续写人事与风物，几度清笛，落过寂寞秋江，伴有清风皓月，达到物我一体的境界。

秦观早年一度漫游，过的是“泛梗飘萍”的生涯。不过词人表明自己并不在乎，还要“饮罢”而“醉卧”，根本不愿听那些世间烦恼扰心之事。“饮罢”“醉卧”之后，一枕沉酣，直到天明。秋江风静，水波不兴，人已忘掉尘世间一切烦恼，尽管太阳高高升起，他仍酒意朦胧，静躺枕上。这表明他在内心深处，仍存在矛盾和痛苦，须借助饮酒麻痹自己。

全词先写景，后写人，层层写来，精心点染，细致描绘，一个特殊环境中富有个性的人物形象，一幅生动的楚江月夜独钓而又独饮醉卧的画面，清楚地呈现读者面前，从而使人们感受到词人看似坦然，实际上郁积着不平和愤懑的心情。

图4　蓼子草花海

【植物文化】

花语：立志、思念，或表达离别之情。

蓼早见于《诗经》，《周颂·良耜》载有："其笠伊纠，其镈斯赵，以薅荼蓼。荼蓼朽止，黍稷茂止。"诗中描写了大周先民铲除蓼草，腐烂成肥料，肥沃庄稼的情景。古诗词中蓼花、红蓼等常指荭草。

近年来，蓼属的生于水陆交界处的蓼子草（*Polygonum criopolitanum*）常大面积开花，形成蓼花景观（图4）。该物种也属于二型花柱植物（图5，图6），具有长柱花和短柱花两种类型。

图5　蓼子草长柱花

图6　蓼子草短柱花

鸡冠花篇

鸡冠花 *Celosia cristata*

图1　鸡冠花

【科】苋科 Amaranthaceae

【属】青葙属 *Celosia*

【主要特征】一年生直立草本。单叶互生。鸡冠花的花色繁多,有红色,白色、淡黄、金黄、淡红、紫红、棕红、橙红等(图1)。种子肾形,黑色,具光泽。

【分布】原产于非洲、美洲热带和印度,现世界各地广为栽培。

【用途】庭院观赏;花和种子供药用,有止血、凉血、止泻等功效。

【植物诗歌】

白鸡冠花

明·解缙

鸡冠浑是胭脂染,今日如何浅淡妆?

只为五更贪报晓,至今戴却满头霜。

赏析:这首诗反映了明朝解缙的机敏和才情。传说某天,皇上突发奇想,想试试翰林学士解缙的文才到底有多高,就传召解缙进宫,让他以鸡冠花为题作一首诗。解缙才思敏捷,不假思索,便道:“鸡冠浑是胭脂染,……”不想皇帝早就想捉弄他,从衣袖中取出了早已准备好的白鸡冠花,意味深长地笑着说:“是白的。”解缙见后,又灵机一动,立即答道:“鸡冠浑是胭脂染,今日如何浅淡妆?只为五更贪报晓,至今戴却满头霜。”巧妙地把开头吟咏的红鸡冠花,变成了白鸡冠花。

【植物文化】

花语:真挚永恒的爱。

鸡冠花因其花序红色、扁平状,形似鸡冠而得名,享有“花中之禽”的美誉。鸡冠花似火绽放,花团锦簇,因此人们赋予它“真爱永恒”的寓意。

本属还有另外一种植物叫青葙(*Celosia argentea*)(图2),其穗状花序塔状或圆柱状,无分枝,而鸡冠花穗状花序鸡冠状,多分枝而与前者相区别。

图2 青 葙

雁来红篇

雁来红 *Amaranthus tricolorl*

图1 雁来红

【科】苋科 Amaranthaceae

【属】苋属 *Amaranthus*

【主要特征】又称三色苋、叶鸡冠等。草本状亚灌木，高15～35 cm，茎较细，柔软（图1）。叶对生，有柄，叶片长圆形、长椭圆状披针形或狭披针形；绿色、红色，或绿色杂以红色、黑褐色，或具有各种彩色斑纹。花腋生，3～5朵集生成头状花序，淡绿色或微白色。苞片及小苞片大小不等。退化雄蕊全缘。胞果卵圆形，褐色，细小。

【分布】原产于印度，我国各地有栽培。

【用途】观赏。

【植物诗歌】

雁来红

宋·杨万里

开了元无雁，看来不是花。

若为黄更紫，乃借叶为葩。

藜苋真何择，鸡冠却较差。

未应樨菊辈，赤脚也容他。

赏析：雁来红的名称不是因花形似雁而得，而是因秋天时叶色鲜红而得名，秋季叶红，人皆以花相看，但它是叶而非花。虽然雁来红作为花卉，但却少色无香，不能与色香俱佳的桂花、菊花取得对应的地位，但爱花之人还是视它为可以赏玩的花卉。

【植物文化】

花语：心在燃烧。

雁来红的花朵呈现惊艳的大红色，像是人的心脏一般，又像是熊熊燃烧的烈火，因此人们用雁来红来表示“我的心在燃烧”。雁来红幼苗很像苋菜，但到了深秋，其基部叶转为深紫色，而顶叶则变得猩红如染，鲜艳异常。由于叶片变色正值“大雁南飞”之时，人们便给它取个美丽的名字——雁来红。

千日红篇

千日红 *Gomphrena globosa*

图1 千日红

【科】苋科 Amaranthaceae

【属】千日红属 *Gomphrena*

【主要特征】一年生直立草本，枝略成四棱形，节部稍膨大。叶片纸质，长椭圆形。花多数，密生，顶生球形或矩圆形头状花序，顶端紫红色(图1)。花柱条形，比雄蕊管短，柱头2，叉状分枝。花果期6~9月。

【分布】原产于热带美洲，是热带和亚热带地区常见花卉，我国长江以南普遍种植。

【用途】观赏，药用。

【植物诗歌】

千日红

清·钱兴国

漫说花无百日红，谁知花不与人同。

何由觅得中山酒，花正开时酒正中。

赏析：俗话说“花无百日红，人无常少年”，大多数花开时千娇百媚，不足百日便枯萎凋谢，然而千日红不仅从初夏到深秋常开不败，即使花朵枯萎，颜色依然鲜艳。中山酒，又名“千日酒”，据说饮一杯而千日醒（醉酒疲惫态）。当诗人看到花正怒放的时候，他想到的是如何度过这美好时光，由千日红而联想到千日酒。酒能助兴，也能消愁，这给赏花带来了新的寓意：醉人的花，醉人的酒，寓意恋花、恋酒、恋青春，意在言外，余音袅袅，反映了古代知识分子赏花时的特有心态。

【植物文化】

花语：不灭的爱。

日本将红花类分为“十日红”“百日红”“千日红”。“十日红”，源于“花无十日红”的谚语，樱花盛开不逾十天，生物寿命均有限，一切抗争皆无可挽回，因此叫“十日红”。“百日红”，在日本俗称“猿滑”(Sarusuberi)，因其枝条裸皮光滑，连擅长爬树的猴子都会掉下来，在我国叫“紫薇”，唐代的长安宫中多有栽植，因为花期长故叫“百日红”。千日红花干后不凋谢，经久不变，故名“千日红”。

石竹篇

石　竹 *Dianthus chinensis*

图1　石　竹

图2　石竹(萼片)

【科】石竹科 Caryophyllaceae

【属】石竹属 *Dianthus*

【主要特征】别名洛阳花、中国沼竹等。多年生草本,带粉绿色。茎直立。叶片线状披针形。花单生枝端或数花集成聚伞花序;紫红色、粉红色、鲜红色或白色,顶缘不整齐齿裂,喉部有斑纹。雄蕊露出喉部外(图1,图2)。蒴果圆筒形。花期5~6月,果期7~9月。

【分布】原产于我国北方,现各地普遍生长,俄罗斯西伯利亚和朝鲜也有。

【用途】观赏。

【植物诗歌】

云阳寺石竹花

唐·司空曙

一自幽山别,相逢此寺中。

高低俱出叶,深浅不分丛。

野蝶难争白,庭榴暗让红。

谁怜芳最久,春露到秋风。

赏析:这首诗描写石竹花期很长,从春到秋,颜色艳丽,白色、红色都娇艳于其他花卉。唐代王绩的《石竹咏》写道:“萋萋结绿枝,晔晔垂朱英。常恐零露降,不得全其生。叹息聊自思,此生岂我情。昔我未生时，谁者令我萌。弃置勿重陈，委化何足惊。”此诗用石竹的鲜艳，一方面赞其白，同时咏其红，但都转瞬凋零，进而叹息人生，略有颓废，转而坦然，乐观面对。

图3 瞿 麦

【植物文化】

花语：纯洁的爱，才能，大胆，女性美。

石竹与本属瞿麦（*Dianthus superbus*）（图3）容易混淆，区别是前者花边缘锯齿，苞片披针形，长为萼筒长二分之一，后者花边缘丝状（图4），苞片为萼筒长的四分之一。

图4 瞿麦花

剪秋罗篇

剪秋罗 *Lychnis fulgens*

图1 剪秋罗

【科】石竹科 Caryophyllaceae

【属】剪秋罗属 *Lychnis*

【主要特征】别名大花剪秋罗。多年生草本，根簇生纺锤形。叶片卵状披针形，二歧聚伞花序具数花，花瓣深红色，先端剪刀状(图1)。花期6~7月，果期8~9月。

【分布】产于我国华北、华东、西南地区。

【用途】观赏，药用等。

【植物诗歌】

剪秋罗花

明·顾同应

隋宫无梦冷轻纨，几瓣秋花倚泪看。

萧瑟罗衣裁不就，却怜中妇剪刀寒。

赏析：隋宫，指皇帝后宫。诗文中的秋花，指剪秋罗花。深宫寂寞，秋夜绵长，好梦难成，幽怨难遣的宫女，倚窗临月，泪光点点，黯然神伤。剪秋罗花夏秋之际盛开，其花瓣先端形如剪刀，诗人依据剪秋罗花的形态特征，将其巧妙地人格化，创造出美人夜裁罗衣，凄凉悲苦的动人形象。这首七绝将咏物与宫怨融为一体，以花喻人，以人拟花，亦花亦人，凄迷婉丽，耐人寻味。

【植物文化】

花语：机智，怨恨，孤独的美。

剪秋罗有一个近缘种剪春罗(*Lychnis coronata*)，其花瓣边缘呈不规则的浅剪痕，剪秋罗则呈深剪痕。剪春罗花开在春夏之交，剪秋罗花开在夏秋之交。《群芳谱》云："剪秋罗，又名汉宫秋。色深红，花瓣分数歧，尖峭可爱，八月间开。"

荷花篇

莲 *Nelumbo nucifera*

图1 莲

【科】睡莲科 Nymphaeaceae

【属】莲属 *Nelumbo*

【主要特征】又称荷、芙蕖、玉环等，未开的花蕾称菡萏，已开的花朵称鞭蕖（图1）。多年生挺水草本植物。根状茎横走，节间膨大，俗称“藕”（图2）。叶基生，挺出水面，圆盾形。叶柄有小刺。花单生，直径10～25 cm，椭圆花瓣白色或粉红色。花托在果期膨大，俗称“莲蓬”（图3）。

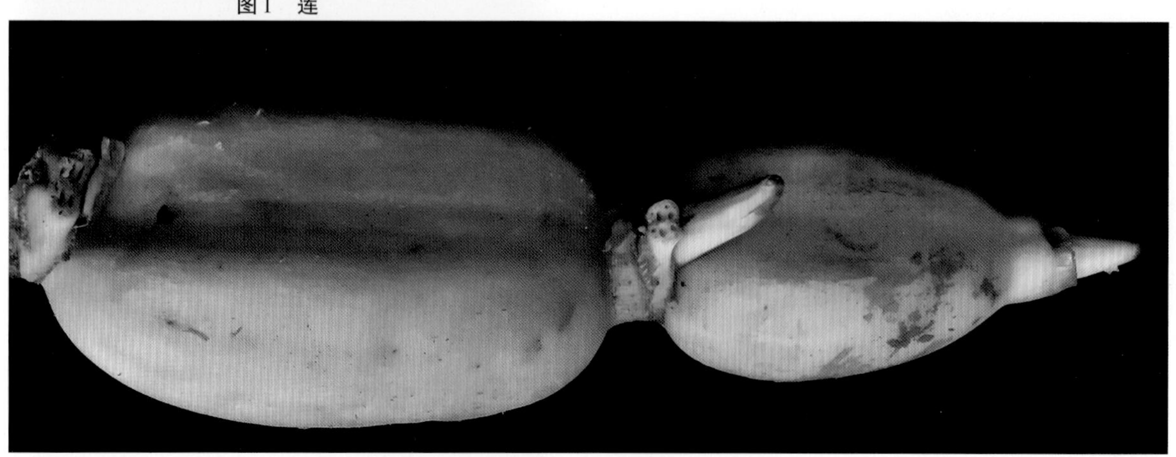
图2 莲 藕

图3 莲 蓬

【分布】我国南北广为栽培。

【用途】经济价值高，地下茎称藕，能食用；叶入药；花可供观赏；莲子为上乘补品。

【植物诗歌】

小　池

宋·杨万里

泉眼无声惜细流，树阴照水爱晴柔。

小荷才露尖尖角，早有蜻蜓立上头。

赏析：这首诗通过对小池中的泉水、树荫、小荷、蜻蜓等的描写，呈现出一种具有无限生命力的朴素自然而又充满情趣的生动画面：泉眼默默地渗出涓涓细流，绿树欣喜地在这晴朗柔和的天气里把影子融入清清的池水中，嫩嫩的荷花刚刚露出水面，早就有调皮的蜻蜓站立在其上了（图4）。全诗从"小"处着眼，生动细腻地描摹出小池中富于生命力和动态感的清新景象，抒发了作者杨万里热爱生活的情怀。现在，小荷被人们用来形容初露头角的新人，而蜻蜓就是赏识它们的角色。

图4　小荷才露尖尖角

图5　莲叶何田田

【植物文化】

花语：清白、坚贞纯洁、信仰，忠贞和爱情。

荷花，印度的国花，我国十大名花之一，《周书》记载"薮泽已竭，既莲掘藕"。描写荷花诗歌非常多，如杨万里的《晓出净慈寺送林子方》"毕竟西湖六月中，风光不与四时同。接天莲叶无穷碧，映日荷花别样红"（图5）。

栽培莲藕，藕身和藕节的粗细相差较大。藕的表皮厚，有黄色斑点，上面有两道凹槽，节间短，藕一般2～3节。两端上翘，节间根少。藕头黄色稍带红，出水时卷得很紧而尖，呈现红色。野莲，藕身和藕节的粗细相差不大，藕的表皮薄嫩没有凹槽。节间长，藕一般3～4节。藕的两端较平直，藕头呈乌黑色。野莲是被子植物中起源最早的植物之一，属于国家Ⅱ级重点保护野生植物。据化石证实，一亿三千五百万年以前，在北半球的许多水域地方都有莲属植物的分布。它在地球上生长的时间比人类祖先的出现（200万年前）早得多。莲是冰期以前的古老植物，它和水杉、银杏、鹅掌楸、北美红杉等同属未被冰期的冰川噬吞而幸存的孑遗植物。

牡丹篇

牡　丹 *Paeonia suffruticosa*

【科】牡丹科 Paeoniaceae

【属】芍药属 *Paeonia*

【主要特征】别称木芍药、百两金、洛阳花等。茎分枝短而粗。叶通常为二回三出复叶，背面淡绿色，有时具白粉。花单生枝顶，苞片5。萼片5，绿色，花瓣5或为重瓣（图1），玫瑰色、红紫色、粉红色至白色。花药长圆形，花盘革质，杯状，紫红色。心皮5，稀更多，蓇葖果长圆形。花期5月，果期6月。

【分布】我国特产，现广为栽培（图2），并引种到欧美等国家。

【用途】药用，观赏。

图1　牡丹花

【植物诗歌】

赏牡丹

唐·刘禹锡

庭前芍药妖无格，池上芙蕖净少情。

唯有牡丹真国色，花开时节动京城。

赏析：芍药，毛茛科芍药属多年生草本，形状与牡丹相似；芙蕖指荷花。这首诗是赞颂牡丹之作，但却用抑此颂彼的反衬之法。芍药与芙蕖本是为人所喜爱的花卉，然而诗人赞颂牡丹，用“芍药妖无格”和“芙蕖净少情”以衬托牡丹之高标格和富于情韵之美，给人留下了难忘的印象。

图2　牡丹景观

【植物文化】

各色牡丹花语不同。红牡丹:象征着富贵圆满。紫牡丹:难为情。白牡丹:高洁,端庄,象征着守信的人。绿牡丹:象征着对生命的期待,用心的付出。黑牡丹:象征着死了都要爱。黄牡丹:亮丽富有而华贵。

牡丹,中国特产,花大而香,故有“国色天香”“百花之王”等尊贵称号。在清代末年,牡丹就曾被当作中国国花。1985年牡丹被评为中国十大名花之二。牡丹也是洛阳、菏泽、铜陵、宁国、牡丹江的市花。牡丹文化是精神文明和物质文明相结合的产物,牡丹发展在盛世,太平盛世喜牡丹。“芍药”,本来同样是一种具有观赏价值的花卉,但据说到了唐代武则天以后,“牡丹始盛而芍药之艳衰”,以至有人将牡丹比为“花王”,把芍药比作“近侍”。形态上牡丹常重瓣,芍药常单瓣,如野生的草芍药(*Paeonia obovata*)(图3)。

图3　草芍药

南天竹篇

南天竹 *Nandina domestica*

【科】小檗科 Berberidaceae

【属】南天竹属 *Nandina*

图1 南天竹

【主要特征】又名南天竺。常绿小灌木(图1)。茎常丛生而少分枝。叶互生,三回羽状复叶。圆锥花序直立。花小,白色(图2),具芳香,萼片多轮,外轮萼片卵状三角形,花瓣长圆形,雄蕊6,浆果球形(图3)。花期3~6月,果期5~11月。

【分布】我国长江流域,日本、印度也有种植。

【用途】药用;春赏嫩叶,夏观白花,秋冬观果,是十分难得的观赏植物。

图2 南天竹花

图3 南天竹果

【植物诗歌】

南天竺花

宋·杨巽斋

花发朱明雨后天，结成红颗更轻圆。

人间热恼谁医得，正要清香净业缘。

赏析：这首诗赞美了南天竹。诗文描绘了南天竹在夏日雨后盛开的小白花，枝头结满可爱的小圆果，使人忘却夏日酷暑，小花的馨香解除了烦恼，给人带来了快乐。

【植物文化】

花语：长寿。

南天竹在我国种植历史悠久。在南朝程訾的《天竹赋》序中提到一种“异草”——“绿茎疏节，叶膏如剪，朱实离离，炳如渥丹”，名为“东天竺”。据其特征描述，这里的“东天竺”应该就是现在的“南天竺”。在古代，南天竺的分类混乱，如元代李衎的《竹谱详录》将它列入竹谱，清代《广群芳谱》将它列入草谱，而《花镜》将它列入花木类中。明代王世懋的《学圃余疏》记载，“天竹累累朱实，扶摇绿叶上，雪中视之尤佳，人所在种之”。在白雪的映衬下，朱红的南天竹果及鲜艳的叶子，自然格外夺目（图4）。

另外，南天竹果枝也与盛开的腊梅、松枝一起瓶插，比喻松竹梅岁寒三友。

图4　雪中南天竹

木兰篇

白玉兰 *Magnolia denudata*

【科】木兰科 Magnoliaceae

【属】木兰属 *Magnolia*

图1 白玉兰植株

图2 白玉兰花

【主要特征】落叶乔木（图1）。嫩枝及芽密被淡黄白色微柔毛。叶长椭圆形或披针状椭圆形，薄革质。花蕾托叶脱落后在枝上留下环状托叶痕。花白色（图2），花被片9，3轮排列，雄蕊的药隔伸出长尖头，雌蕊群心皮多数（图3），通常部分不发育，成熟时随着花托的延伸，形成蓇葖果，熟时鲜红色（图4）。花期4～9月。

【分布】安徽、福建、广东、广西、云南等地区栽培极盛，庐山、黄山、峨眉山、巨石山等尚有野生。

【用途】药用，园林观赏，防污染绿化树种。

图3　白玉兰花(去花瓣)

图4　白玉兰蓇葖果

【植物诗歌】

戏题木兰花

唐·白居易

紫房日照胭脂折,素艳风吹腻粉开。

怪得独饶脂粉态,木兰曾作女郎来。

赏析:诗人借用南北朝时期的英雄人物花木兰,用双关的手法,对木兰花进行赞美。木兰花瓣紫色,在日光的照射下,犹如胭脂,随风而开。该诗的木兰可能指的是紫玉兰,即辛夷(图5,图6)。诗的前两句由静变动,把木兰花花蕾绽放的情景作了生动地描绘,后两句运用拟人手法,俏皮细语,怪不得木兰花如此美丽妖娆,原来是脂粉红妆的木兰女郎(花木兰将军)啊!

图5　辛　夷

图6　辛夷(雌雄蕊)

图7 广玉兰花

图8 广玉兰蓇葖果

【植物文化】

花语:高洁、芬芳、纯洁的爱。

常见的观赏玉兰还有:广玉兰(*Magnolia grandiflora*)(图7,图8)、黄山木兰(*Magnolia cylindrica*)(图9,图10)、紫玉兰(*Magnolia liliiflora*)、二乔木兰(*Magnolia soulangeana*)(图11,图12)、飞黄玉兰(*Magnolia denudata* Desr.CV.Fe Wang)(图13,图14)。

图9 黄山木兰

图10 黄山木兰(雌雄蕊)

图11　二乔木兰

图12　二乔木兰(雌雄蕊)

木兰属常见植物的识别特征:荷花玉兰为常绿乔木,余皆落叶树种。白玉兰和二乔木兰花瓣9枚,近等大,前者花瓣内外均白,或者基部微红,后者外红内白。黄山木兰和辛夷花瓣也为9枚,外轮花瓣明显偏小,但前者乔木,较大花瓣外轮基部略紫内白,后者灌木或小乔木,较大花瓣内外均紫。飞黄玉兰,因其花瓣呈黄色而易区分。古诗词中"木兰"的植物可能有许多种,应泛指木兰属或木莲属(*Manglietia*)的多种植物。

图13　飞黄玉兰

图14　飞黄玉兰(雌雄蕊)

含笑篇

含　笑 *Michelia figo*

【科】木兰科 Magnoliaceae

【属】含笑属 *Michelia*

图1　含　笑

【主要特征】别称笑梅、含笑梅、山节子等(图1)。常绿灌木,高2~3 m,树皮灰褐色,分枝繁密。芽、嫩枝,叶柄,花梗均密被黄褐色绒毛。花淡黄色,花被片6,具雌蕊柄(图2,图3,图4)。叶革质,狭椭圆形或倒卵状椭圆形,花期3~5月,果期7~8月。

【分布】原产于华南南部地区,广东鼎湖山有野生,现广植于全国各地。

【用途】药用,观赏。

图2　含笑花

图3　解剖的含笑花　　图4　含笑雌蕊群

【植物诗歌】

含笑花

宋·施宜生

百步清香透玉肌，满堂和气自心和。

褰帷跛客相迎处，射雉春风得意时。

图5　深山含笑

赏析：含笑之香，沁人心脾，而且花香怡人。本诗以花拟人，指出含笑花如明媚皓齿的美人。古人云：南方花木之美，莫若含笑。据《左传·昭公二十八年》载："昔贾大夫恶，娶妻而美，三年不言不笑。御以如皋，射雉，获之，其妻始笑而言。贾大夫曰：'才之不可以已，我不能射，女遂不言不笑夫！'"。从"不笑"到"始笑"，可见笑之不易，反衬含笑非等闲之花。

【植物文化】

花语：矜持、含蓄、高洁、端庄。

含笑的花开不放、似笑不语的特性，很大程度上代表了国人的含蓄。

在园林观赏植物中，常见的该属植物还有深山含笑（*Michelia maudiae*）（图5，图6，图7，图8）

图6　深山含笑花

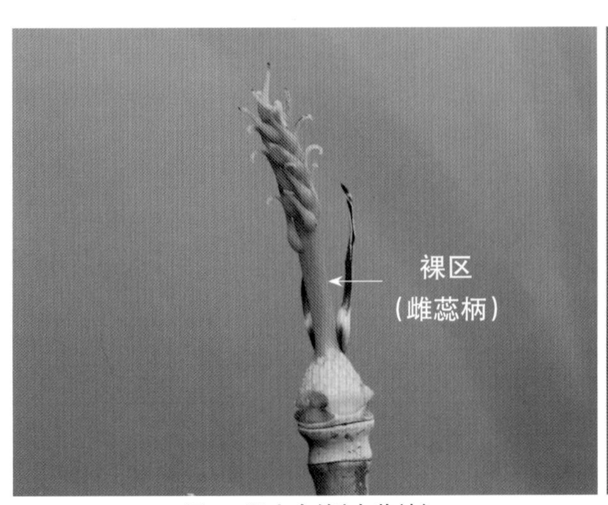

图7　深山含笑（去花被）

图8　深山含笑蓇葖果

图9 乐昌含笑

和乐昌含笑（*Michelia chapensis*）（图9，图10，图11），这两种植物属于高大乔木，花瓣长达10 cm或以上；含笑则为矮小灌木，花较小，花瓣长只有2 cm左右。

乐昌含笑与深山含笑相比，乐昌含笑花瓣为6片，花淡黄色，花朵略小，花瓣10 cm左右，花期早，2~3月；深山含笑花瓣为9片，花纯白色，花大，花瓣长达15 cm以上，花期略迟1个月，在3～4月。

图10 乐昌含笑（雌雄蕊）

图11 乐昌含笑开裂的蓇葖果

蜡梅篇

蜡　梅 *Chimonanthus praecox*

【科】蜡梅科 Calycanthaecae

【属】蜡梅属 *Chimonanthus*

【主要特征】落叶灌木(图1),高3 m左右,单叶对生,叶片卵状披针形,全缘,表面粗糙。两性花,先叶开放,花梗极短,花被黄色,带蜡质,芳香。外轮花被片长圆形,内轮花被片较外部短,具爪(图2,图3)。果实坛状(图4)。12月至次年3月开花,果期6~10月。

【分布】全国广泛栽培或生于山地林中,日本、朝鲜和欧洲、美洲也有引种栽培。

【用途】药用价值,解暑生津,顺气止咳;园林观赏。

图1　蜡　梅

图2 蜡梅花

图3 雪中蜡梅

图4 蜡梅果实

【植物诗歌】

蜡梅绝句

宋·陈棣

蜂采群芳酿蜜房，酿成犹作百花香。

化工却取蜂房蜡，剪出寒梢色正黄。

赏析：全诗描绘在春寒料峭的初春，勤劳的蜜蜂舞动花丛（图5），酿成香气浓郁的花蜜，蜡梅纯正的黄色引领了乍暖还寒的初春情景。

图5 蜂舞蜡梅

【植物文化】

花语:高风亮节、傲气凌人、澄澈的心、浩然正气、独立创新等。

“蜡”字系周代所用,秦代改用“腊”字。“蜡”字可和“腊”字通用,因此“蜡梅”与“腊梅”混用的现象非常普遍。因为古代农历十二月的一种祭祀叫“蜡”,所以农历十二月叫蜡月,恰逢蜡梅开于此月,故名蜡梅。

纵览《全唐诗》已有“腊梅”一词,而并无“蜡梅”,概泛指腊月里开的梅花或腊梅。《梅谱》中对梅花和蜡梅进行了区分:蜡梅,本非梅类,以其与梅同时,香又相近,色酷似蜜脾,故名蜡梅。直至明代《救荒本草》中始有腊梅的记载,并附图(图6),从文字描述和附图可以看出,记载的腊梅是指蜡梅。据王世懋《学圃余疏》考证,在宋神宗熙宁年间(1068—1077年),王安石曾写有咏黄梅的诗,后在宋哲宗元祐年间(1086—1094年),一代文豪苏东坡和黄山谷,因见黄梅花似蜜蜡,遂命名为“蜡梅”,由此蜡梅名噪一时,鼎盛于京师。李时珍《本草纲目》载:“蜡梅,释名黄梅花,此物非梅类,因其与梅同时,香又相近,色似蜜蜡,故得此名。”清初《花镜》载:“蜡梅俗称腊梅,一名黄梅,本非梅类,因其与梅同放,其香又近似,色似蜜蜡,且腊月开放,故有其名。”

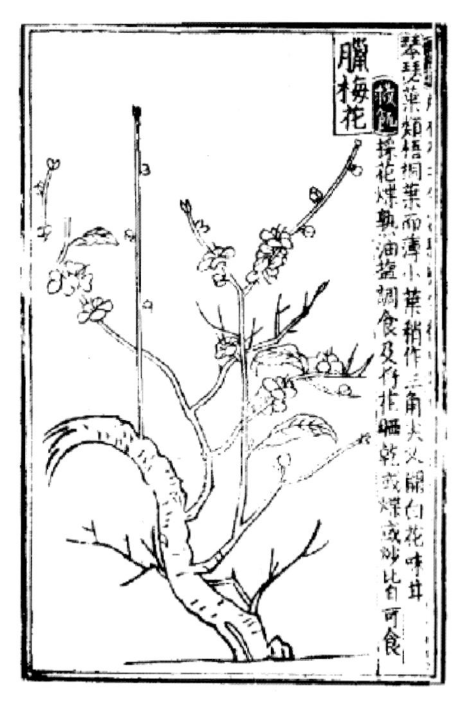

图6　腊梅

选自《救荒本草》,明嘉靖四年刊本

腊梅是中国特产的传统名贵观赏花木,腊梅象征着人生的坚忍、顽强、富有牺牲、能耐得寂寞的精神,也象征着人生的辉煌与成功。《姚氏残语》称腊梅为寒客。腊梅花开春前,为百花之先,特别是虎蹄梅,农历十月即开花,又称早梅。古往今来,盛赞腊梅诗句众多,如“知访寒梅过野塘”。诗家在咏蜡梅诗中,常在“蜡”字上做文章,如“蝶采花成蜡,还将蜡染花”等。自古咏蜡梅的诗句有很多,如“定定住天涯,依依向物华。寒梅最堪恨,长作去年花”“闻君寺后野梅发,香密染成宫样黄。不拟折来遮老眼,欲知春色到池塘”“雪花不敢迷真色,风格都缘不是梅”等。

另外,蜡梅科夏蜡梅属(*Sinocalycanthus*)的夏蜡梅(*Sinocalycanthus chinensis*)(图7)是中国特有的珍稀花卉,为第三纪孑遗物种,被列为国家Ⅱ级重点保护野生植物。夏蜡梅初夏绽放,花朵大而美丽,似水仙花,具有较高的观赏价值。

图7　夏蜡梅(傅承新　摄)

香樟篇

樟　树 *Cinnamomum camphora*

图1　樟　树

【科】樟科 Lauraceae

【属】樟属 *Cinnamomum*

【主要特征】别名乌樟、芳樟树、香蕊、香樟等。常绿乔木(图1)。叶互生,卵形,离基三出脉,脉腋有腺体。上面光亮,下面灰白色。初夏开花,花小,黄绿色(图2),圆锥花序。核果小球形,紫黑色,基部有杯状果托(图3)。花期5~6月,果期7~8月。

【分布】广布于我国长江以南各地。

【用途】全株有樟脑香气,可提制樟脑和樟油;木材坚硬美观,宜制家具;园林绿化等。

图2　樟树花

图3　樟树果实

【植物诗歌】

樟　树

宋·舒岳祥

樛枝平地虬龙走，高干半空风雨寒。

春来片片流红叶，谁与题诗放下滩。

赏析：诗的前两句形容樟树弯曲的枝条，如同虬龙上天，其干是栋梁之材；诗的后两句表明春天来临，新叶填红，老叶飘落流光溢彩（图4）。似乎呈现了谁在题诗红叶、付诸流水的动态画面。

【植物文化】

香樟代表顽强的生命，又一说与爱情有关，其独特的香味使人感觉浪漫。“樟楠檫梓”为四大名木，是亚热带常绿阔叶林的代表树种。樟科的起源较早，其历史可追溯到石炭纪。早在春秋时期《尸佼》有“土积则梗豫樟”，《淮南子》有“楠豫樟之生也，七年而后知，故可以为舟”。目前，野生樟树属于国家Ⅱ级重点保护野生植物。

图4　春天流红叶的樟树

菟丝子篇

菟丝子 *Cuscuta chinensis*

【科】旋花科 Convolvulaceae

【属】菟丝子属 *Cuscuta*

【特征】一年生寄生草本，全株无毛。缠绕茎细，黄色，无叶(图1)。花簇生于叶腋，苞片及小苞片鳞片状；花萼杯状，5裂；花冠白色，钟形(图2)，长为花萼的2倍，先端5裂，裂片向外反曲。雄蕊花丝扁短。基部生有鳞片，边缘流苏状。花柱2。蒴果扁球形，被花冠全部包住，盖裂。种子2～4粒。花期7～9月，果期8～10月。

【分布】我国主要分布于山东、河北、山西、陕西、江苏、黑龙江、吉林等省。

【用途】药用。

图1 菟丝子（刘 冰 摄）

【植物诗歌】

古 意

唐·李白

君为女萝草，妾作菟丝花。
轻条不自引，为逐春风斜。
百丈托远松，缠绵成一家。
谁言会面易，各在青山崖。
女萝发馨香，菟丝断人肠。
枝枝相纠结，叶叶竞飘扬。
生子不知根，因谁共芬芳。
中巢双翡翠，上宿紫鸳鸯。
若识二草心，海潮亦可量。

赏析：古人常以“菟丝”“女萝”比喻新婚夫妇，优美贴切，因而传诵千古。菟丝子为蔓生植物，柔弱，常常缠绕在别的植物之上；女萝草为地衣类植物，有很多细丝。诗人以“菟丝花”比作妻子，又以“女萝草”比喻夫君，意谓新婚以后，妻子希望依附夫君，让彼此关系缠绵缱绻、永结同心，即“百丈托远松，缠绵成一家”。但事实上夫妻相见并不容易，夫君在外春风得意，而妻子却在家里忧心忡忡、肝肠寸断。古时男主外女主内，妻子在家除了相夫教子外，别无旁务，因而想入非非。夫君该不会在外面与别的女子“共芬芳”或做“鸳鸯”吧？最后，“若识二草心，海潮亦可量”是妻子向夫君表明态度，假如妾有二心，那么海水可以用斗来量。

图2 菟丝子花冠 （刘 冰 摄）

【植物文化】

花语：战胜困难。

在农业上，菟丝子是一种寄生性恶性杂草，也是园林上的寄生植物。菟丝子通过茎缠绕到苗木主干和幼树枝条上，形成吸根，吸收寄主植物的养分和水分，影响生长，致使寄主枝叶枯黄死亡。但在中医里，菟丝子却是一味药材，同时对鸟儿来说它的种子是一种美好食物。

图3 日本菟丝子

本属的另外一种日本菟丝子（*Cuscuta japonica*）（图3），也叫金灯藤，原产于日本。该植物茎粗壮，具有紫色或者紫褐色瘤状斑点，花柱1而与菟丝子明显区别，菟丝子花柱2，茎黄色。

虞美人篇

虞美人 *Papaver rhoeas*

【科】罂粟科 Papaveraceae

【属】罂粟属 *Papaver*

【主要特征】全体被伸展的刚毛。茎直立，具分枝。叶片轮廓披针形或狭卵形，羽状分裂。花单生于茎和分枝顶端（图1，图2），花蕾长圆状倒卵形，下垂（图3）。萼片2，宽椭圆形。花瓣4，圆形、横向宽椭圆形或宽倒卵形，长2.50～4.50 cm，全缘，稀圆齿状或顶端缺刻状，紫红色，基部通常具深紫色斑点。蒴果宽倒卵形（图4），长1～2.20 cm。种子多数，肾状长圆形。花果期3～8月。

【分布】原产于欧亚温带大陆，在我国有大量栽培，现已引种至新西兰、澳大利亚和北美。

【用途】虞美人的花多姿多彩，适于观赏；全株入药，含多种生物碱，有镇咳、止泻、镇痛、镇静等功效；种子含油40%以上。

图1　虞美人（白花）

图2　虞美人（红花）

【植物诗歌】

咏虞美人草

宋·易幼学

霸业将衰汉业兴，佳人玉帐醉难醒。

可怜血染原头草，直至如今舞不停。

赏析：这首诗表面上是咏草，实际上将花草与人物并提，一方面歌咏虞美人草，另一方面歌咏西楚霸王之妻虞姬，阐述了垓下之战“霸王别姬”的典故。诗人怀念虞姬之意尽在言中，看见了虞美人草，便想起来虞姬。那悲情一瞬，早已定格在中国文学的字里行间，定格在中国戏曲的舞台上，成为中国古典爱情中最经典、最荡气回肠的传奇。

图3　虞美人花蕾

图4　虞美人蒴果

【植物文化】

虞美人在古代寓意生离死别、悲歌。虞美人花朵上鲜艳的红色，据说是虞姬飞溅的鲜血染成的。它在春末夏初开花，像是虞姬从来都没有离开，对霸王的坚贞与守候仍旧存在于虞姬的心中。

虞美人与罂粟（*Papaver somniferum*）（图5）从外形看很相似，容易混淆，实际上虞美人的花蕾是下垂的，要等开花它才渐渐花面向上，而且全株被毛，果实较小。而罂粟花的花蕾是笔直向上的，开花时也是花面向上，全株光滑，果实较大。在古埃及，罂粟被人称之为“神花”。古希腊人为了表示对罂粟的赞美，让执掌农业的司谷女神手拿一枝罂粟花。罂粟尽管很美丽，但从其蒴果上提取的汁液，可加工成鸦片、吗啡、海洛因，因此这一美丽的植物又称为恶之花。跟罂粟名字较近的还有一种植物叫水罂粟（*Hydrocleys nymphoides*）（图6），是花蔺科水罂粟属植物，原产中美洲、南美洲，用于园林水景中，为池塘边缘浅水或庭院水体绿化植物。

图5　罂　粟

图6　水罂粟

油菜篇

油　菜 *Brassica napus*

【科】十字花科 Brassicaceae

【属】芸薹属 *Brassica*

【主要特征】一年生草本，直根系，茎直立(图1)，分枝较少。总状花序，十字形花冠，花瓣黄色，具四强雄蕊(图2，图3)。长角果。花期2～4月，果期5～6月。

【分布】世界各地广泛分布，我国主要分布在长江流域一带。

【用途】油料植物，可供观赏。

图1　油菜花

图2　油菜花(四强雄蕊)

图3　油菜花(十字形花冠)

【植物诗歌】

宿新市徐公店

宋·杨万里

篱落疏疏一径深，树头花落未成阴。

儿童急走追黄蝶，飞入菜花无处寻。

赏析：暮春时节，树头花落，稀疏的篱笆蜿蜒伫立在乡间的小路上，天真活泼的儿童看见飞舞的蝴蝶，急忙奔过去想扑住，但蝴蝶一闪，飞入了菜花深处，再也找不见了。全诗呈现在读者面前的似乎是一个儿童面对一片金黄菜花搔首踟蹰、不知所措的画面，余味悠长。这首诗运用白描手法，描写自然真切感人，别有风趣。

【植物文化】

花语：加油。

我国油菜种植面积和产量居世界首位。油菜栽培历史十分悠久，在新石器时代的西安半坡原始社会遗址发现的炭化的菜籽，经同位素 ^{14}C 测定距今8 000～7 000年。

枫树篇

枫　香 *Liquidambar formosana*

【科】金缕梅科 Hamamelidaceae

【属】枫香树属 *Liquidambar*

图1　枫　香

【主要特征】也叫枫树，落叶乔木(图1)，高达30 m，树皮方块状剥落。叶掌状3裂，基部心形。雄性短穗状花序常多个排成总状，雄蕊多数。雌性头状花序有花24～43朵，花柱先端卷曲(图2)。蒴果圆球形(图3，图4)。种子多数。花期4～5月。果期9～10月。

【分布】产于我国秦岭及淮河以南各省份，也见于越南北部，老挝及朝鲜南部。

【用途】树脂供药用，能解毒止痛，止血生肌；根、叶及果实亦入药，有祛风除湿，通络活血功效。

【植物诗歌】

山　行

唐·杜牧

远上寒山石径斜，白云深处有人家。

停车坐爱枫林晚，霜叶红于二月花。

图2　枫香雌花序

图3　枫香幼嫩蒴果

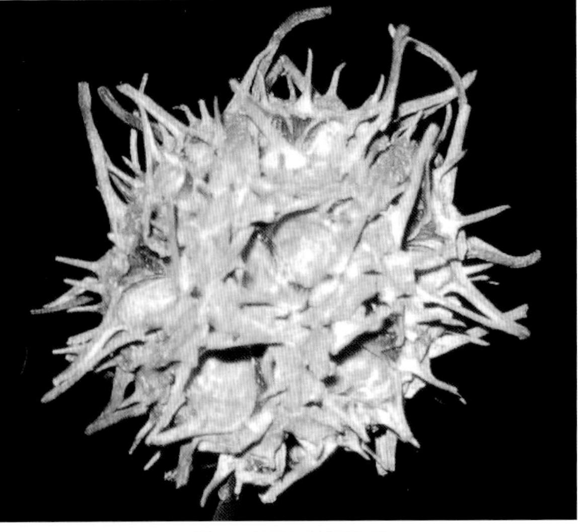

图4　枫香成熟蒴果

赏析：这首诗描绘的是秋之色，展现出一幅动人的山林秋色图。由下而上，写一条石头小路蜿蜒曲折地伸向充满秋意的山峦。远处，白云升腾缭绕，有人家掩映其中。绚丽的晚霞和红艳的枫叶互相辉映，枫林晚景使得诗人惊喜之情难以抑制。为了要停下来领略这山林风光，竟然顾不得驱车赶路。诗中的山路、人家、白云、红叶，构成了一幅和谐统一的画面。此外，诗中的第二句，是“深”还是“生”字在学术界仍存在争议。《四库全书》两种版本都有收录，如明代高棅《唐诗品汇》和《御定全唐诗》作“白云深处有人家”，而宋代洪迈《万首唐人绝句》作“白云生处有人家”。现在教材根据作者的《樊川集》和诗意等综合考虑采用“白云生处有人家”，并于注释处说明“‘生处’一作‘深处’”。

【植物文化】

枫香花语：拘谨。

《山海经》记载“黄帝杀蚩尤于黎山，弃其械，化为枫树”，因为兵器沾染了血，所以枫叶秋后变红，风景非常优美。

描写枫叶的名句很多，其中有代表性的诗句如白居易的《琵琶行》，“浔阳江头夜送客，枫叶荻花秋瑟瑟”。诗中的枫叶有的指枫香，但常多指槭树科的枫叶，如红枫（*Acer palmatum* f. *atropurpureum*）（图5，图6）等。

图5　红　枫

图6　红枫花

图7　三角枫

图8　三角枫花

常叫枫树的有三角枫(*Acer buergerianum*)(图7,图8)、红枫以及羽毛枫(*Acer palmatum* cv. *dissectum*)(图9)。前者叶三裂,红枫叶掌状,5～7深裂纹,偏紫红色;后者叶羽毛状深裂至基部。以上植物均属于槭树科而非金缕梅科植物。

图9　羽毛枫

蔷薇篇

野蔷薇 *Rosa multiflora*

【科】蔷薇科 Rosaceae

【属】蔷薇属 *Rosa*

【主要特征】落叶蔓生灌木。有皮刺(图1)。托叶大部分附着于叶柄上,边缘篦齿状分裂并有腺毛(图2)。伞房花序圆锥状,花多数,白色,芳香,花柱柱状。蔷薇果球形。花期4~5月,果熟9~10月。

【分布】产于我国华北、华中、华东、华南及西南地区,朝鲜、日本也有分布。

【用途】果实可酿酒,根、茎、花、果均可药用。

图1　野蔷薇

图2　野蔷薇托叶

【植物诗歌】

蔷薇花

唐·杜牧

朵朵精神叶叶柔,雨晴香拂醉人头。

石家锦幛依然在,闲倚狂风夜不收。

赏析：该诗先写蔷薇花神韵气质，朵朵精神，嫩叶娇柔，再写蔷薇香气，雨后晴天，香气吹拂过来，醉上心头。成排的野蔷薇，如石崇家的锦罗帷帐还留存到今，对着狂风在黑夜里依旧从容开放。本诗在赞美蔷薇花坚韧品质的同时，表达了杜牧的人格理想与爱情理想。

图3　七姐妹

【植物文化】

花语：爱情和爱的思念。

古诗歌中，蔷薇科还有一种叫荼蘼(tú mí)的植物，常误写为荼縻，《花镜》中有文字记载和插图，其叶3枚，重瓣，色多变。有文献说荼蘼是悬钩子蔷薇(*Rosa rubus*)，均论据不足。古诗文中的荼蘼花意指暮春，如“开到荼蘼花事了”。荼蘼是一种伤感的花，它在晚春开花，意味着春天结束了，有时形容女子的青春将逝，或是感情到了尽头。因此，荼蘼花当泛指蔷薇属或蔷薇科植物的花。

蔷薇属重瓣的常见有七姐妹(*Rosa multiflora* var. *carnea*)(图3)。

图4　月　季

图5　月季托叶和皮刺

蔷薇属月季(*Rosa chinensis*)与玫瑰的区别在于:前者小叶3~5枚,叶面平滑;刺大而尖或有钩;单花顶生,比玫瑰小,有微香(图4,图5,图6);果实圆球形;后者小叶5~9枚,叶脉凹有皱;茎枝上密生细刺;单花或簇生,花冠比月季大,有浓香;果实扁圆形。

悬钩子蔷薇与月季的区别在于,前者花柱合生成束,后者花柱离生。

实际上,真正的玫瑰原产菲律宾,市场上销售的多为香水月季(*Rosa odorata*)(图7)。

图6　月季花

图7　香水月季

海棠篇

垂丝海棠 *Malus halliana*

【科】蔷薇科 Rosaceae

【属】苹果属 *Malus*

图1 垂丝海棠

图2 垂丝海棠果实

【主要特征】落叶小乔木。叶片卵形或长椭卵形，伞房花序，具花4～6朵，花梗细弱下垂，花瓣倒卵形，基部有短爪，粉红色，常在5数以上(图1)。果实倒卵形，略带紫色(图2)。花期3～4月，果期9～10月。

【分布】产于我国江苏、浙江、安徽、陕西、四川和云南等。

【用途】可入药，主治血崩；园林观赏树种。

【植物诗歌】

海 棠

宋·苏轼

东风袅袅泛崇光，香雾空蒙月转廊。

只恐夜深花睡去，故烧高烛照红妆。

赏析：这是一首咏海棠的诗。先写月下海棠：花叶在东风中轻轻摇曳，熠熠生辉；月光转过回廊，海棠的阵阵幽香氤氲在雾气中，沁人心脾。后写心事：当夜渐深去，月光再也照不到海棠的芳容时，诗人顿生怜意，海棠如此芳华，怎忍心让她独自栖身于幽暗？那就用高烧的红烛，为她驱散这长夜的黑暗。爱花之情、爱美之意极为深切，显示了诗人的浪漫主义情怀。

图3　垂丝海棠

【植物文化】

花语：温和、美丽、快乐。

海棠花姿潇洒，花开似锦，自古以来是雅俗共赏的名花，素有“花中神仙”“花贵妃”“花尊贵”之称。古时，海棠栽在皇家园林中，常与玉兰、牡丹、桂花相配植，形成“玉棠富贵”的意境。明代《群芳谱》记载：海棠有四品——垂丝海棠、西府海棠（*Malus micromalus*）、贴梗海棠（*Chaenomeles speciosa*）和木瓜海棠（*Chaenomeles cathayensis*），诗词中的海棠多指垂丝海棠和西府海棠。

垂丝海棠粗看与西府海棠相似，区别在于前者树枝展开（图3），后者收拢垂直向上（图4）；垂丝海棠的花柄和萼片为紫色，且花梗较长，开后则下垂，西府海棠粉红色，斜上举（图5）。垂丝海棠果实小，直径5 mm左右，西府海棠果实大，直径可达1 cm（图6）。宋人有词曰：“春似酒杯浓，醉得海棠无力。”写的应该就是垂丝海棠犹如美人春睡，颇有慵懒之态。宋代杨万里诗：“垂丝别得一风光，谁道全输蜀海棠。风搅玉皇红世界，日烘青帝紫衣裳。懒无气力仍春醉，睡起精神欲晓妆。举似老夫新句子，看渠桃杏敢承当。”形容妖艳的垂丝海棠鲜红的花瓣把蓝天、天界都搅红了，柔软下垂的红色花朵如喝了酒的少妇，玉肌泛红，娇弱乏力。

图4　西府海棠

图5　西府海棠

图6　西府海棠

关于“海棠春睡”，在唐代还有一则佳话。据宋人释惠洪的《冷斋夜话》记载：“唐明皇登沉香亭，召太真妃（杨贵妃），于时卯醉未醒，命高力士使侍儿扶掖而至。妃子醉颜残妆，鬓乱钗横，不能再拜。明皇笑曰：‘岂妃子醉，直海棠睡未足耳！’”此后，“海棠”便有了“睡美人”之称。因苏轼《海棠》诗，“海棠”还得了一个“解语花”的雅号，但最有资格荣膺“睡美人”及“解语花”雅号的应是垂丝海棠。

西府海棠因产于晋朝西府而得名，也称“海红”，是我国华中、华北地区最常见的海棠。西府海棠是“海棠”中的上品，其花未开时，花蕾红艳，似胭脂点点，开后则渐变粉红，灿若云霞。更奇特的是，一般的“海棠”无香味，是其一大遗憾。相传西晋首富石崇曾对盛开的“海棠”叹道：“汝若能香，当以金屋贮汝。”而只有西府海棠既香且艳，难怪人见人爱。对照西府海棠的特征，人们发现，南宋著名花鸟画家林椿的名作《写生海棠图》，所描绘的正是西府海棠。

图7　贴梗海棠

贴梗海棠和木瓜海棠则属蔷薇科木瓜属。贴梗海棠因花柄甚短,甚至贴近枝条而得名。原产四川一带,陆游的“千点猩红蜀海棠,谁怜雨里作啼妆”,写的就是贴梗海棠(图7)。据考证,《尔雅》中的“楙”即是此物。这两种“海棠”最有特色的是其果实,贴梗海棠的果实叫“木瓜”,木瓜海棠的果实叫“木桃”(图8)。这两种果实的名称,最早出现在《诗经》中。《国风·卫风·木瓜》曰:“投我以木瓜,报之以琼琚。匪报也,永以为好也。投我以木桃,报之以琼瑶。匪报也,永以为好也。投我以木李,报之以琼玖。匪报也,永以为好也。”据考证,诗中的“木瓜”和“木桃”,并不是产自热带的番木瓜,而是贴梗海棠或木瓜海棠的果实。

图8　木瓜海棠

樱花篇

樱　桃 *Cerasus pseudocerasus*

【科】蔷薇科 Rosaceae

【属】樱属 *Cerasus*

图1　樱桃树

图2　樱　桃

【主要特征】别称莺桃、含桃等。落叶乔木(图1),高2～6 m,树皮灰白色,具有明显横条皮孔。叶缘有重锯齿。花先叶开放,雄蕊30～35枚。核果红色(图2)。花期3～4月,果期5～6月。

【分布】我国主要产地有山东、安徽、江苏、浙江、湖北、河南、甘肃、陕西、贵州等,美国、加拿大、智利、澳洲、欧洲等地盛产。

【用途】果实晶莹美丽,红如玛瑙,黄如凝脂,富含糖、蛋白质、维生素及钙、铁、磷、钾等多种元素,可食用。

【植物诗歌】

和裴仆射看樱桃花

唐·张籍

昨日南园新雨后，樱桃花发旧枝柯。

天明不待人同看，绕树重重履迹多。

赏析：昨夜新雨，南园樱枝绽满樱花。天明时分，来不及等大家一起前去赏花，却发现樱花树周围已有许多足迹，表达了雨后春晴作者赏花心情的急切。描写樱花的诗很多，唐代白居易的一句“小园新种红樱树，闲绕花枝便当游”，引无数游人墨客竞折腰。另外，还借樱花表达相思之情，如元稹《折枝花赠行》中的“樱花树下送君时，一寸春心逐折枝”。

【植物文化】

花语：生命、幸福、热烈、纯洁、高尚和精神之美。

樱花，原产于中国，发扬光大于日本。早在秦汉时期，我国的樱花栽培就应用于宫苑之中，距今已有2 000多年的历史。

盛名的武汉大学樱花主要品种是日本晚樱（*Cerasus serrulata* var. *lannesiana*）（图3，图4），日本国花。叶有重锯齿，齿尖具长芒，叶柄上有一对腺点（图5），主要由本种及其变种与其他种类杂交培育而成。按花色分有纯白、粉白、深粉至淡黄色等（图6）。我国各地庭园广为栽培。

图3　日本晚樱

图4　日本晚樱

图5 日本晚樱(叶柄腺体)

图6 日本晚樱花序

日本樱花(*Cerasus yedoensis*)(图7),叶边缘具重锯齿,齿尖具短芒。花序苞片具有腺齿。花单瓣白色(图8),花期4月,果期4～5月(图9)。

图7 日本樱花

图8　日本樱花

图9　日本樱花果实

图10　迎春樱

低山丘陵常见的野生樱桃还有迎春樱(*Cerasus discoidea*)(图10),该物种因有花序有2叶状苞片,果期宿存,边缘齿间具有盘状腺体而易区别。

桃花篇

桃　花 *Amygdalus persica*

图1　桃　花

图2　桃　花

【科】蔷薇科 Rosaceae

【属】桃属 *Amygdalus*

【主要特征】落叶乔木(图1),小枝红褐色或褐绿色,平滑。叶椭圆状披针形。花通常单生,先叶开放,有白、粉红、红等颜色,单瓣或重瓣(图2)。花期3~4月。核果近圆形,黄绿色,表面密被短绒毛,因品种不同,果熟6~9月。

【分布】原产于我国中部及北部,栽培历史悠久,后来逐渐传播到亚洲周边地区,从波斯传入西方,桃花的拉丁名称 *Persica* 意思即波斯。

【用途】观赏,食用等。

【植物诗歌】

题都城南庄

唐·崔护

去年今日此门中，人面桃花相映红。

人面不知何处去，桃花依旧笑春风。

赏析：这是一首即兴诗，全诗用“人面”“桃花”作为贯串线索，通过“去年”和“今日”同时同地同景而“人不同”的映照对比，把诗人“踏春偶遇”和“重寻不遇”的复杂情感淋漓尽致地表达出来。诗人充满感情的回忆，才有“人面桃花相映红”的传神描绘。继而通过画面里（桃花）与画面外（诗人）的对比、映衬，巧妙地显示了人物感情的发生、发展和起伏跌宕的变化，如初遇的脉脉含情，别后的相思，深情的重访，未遇的失望等，都或隐或现。全诗自然浑成，犹如从心底一涌而出的清泉，清澈醇美，令人回味不尽。

图3　三月桃花

【植物文化】

花语：宏图大展，桃李满天下。桃子有长寿之意等。

桃花因娇艳美丽而常作美人的意向。《诗经》中“桃之夭夭，灼灼其华”开始了以桃喻人的先例。宋代向敏中的“凭君莫厌临风看，占断春光是此花”，生动地描绘了在万紫千红的春天桃花占有的特殊地位（图3）。

图4 单瓣桃花

图5 重瓣桃花

惠崇为宋初“九诗僧”之一，曾作画《春江晓景图》，但可惜没有流传下来。苏轼曾为该画题诗《惠崇春江晚景二首》：“竹外桃花三两枝，春江水暖鸭先知。蒌蒿满地芦芽短，正是河豚欲上时。”“两两归鸿欲破群，依依还似北归人。遥知朔漠多风雪，更待江南半月春。”

古代人也把桃花作为某种精神的象征或情义的见证，如《三国演义》中的桃园三结义，就是经典美谈。东晋陶渊明《桃花源记》中的桃花源，便是一个“理想世界”，是许多人的精神寄托之所。

另外，传说夸父追日中掷杖化为桃林，给后来寻求光明的人解除饥渴（《山海经·海外北经》），已赋予桃特殊的地位。我国最早的春联就是用桃木板制成的，也叫做桃符。民间认为桃木制品有辟邪的作用，如桃弓、桃印、桃符、桃梗、桃人、桃橛等。

桃花有单瓣或者复瓣（图4，图5）。常见种类有小花白碧桃、大花白碧桃、五色碧桃、千瓣红桃、红碧桃（图6）、绛桃、绿花桃、垂枝碧桃。此外还有寿星桃、紫叶桃、单粉、品霞、五宝桃、照手红、绿萼垂枝、二色桃、菊花桃和绯桃等种类。

图6 红碧桃

李花篇

李　子 *Prunus salicina*

【科】蔷薇科 Rosaceae

【属】李属 *Prunus*

【主要特征】落叶小乔木(图1),花单生或2朵簇生,白色,雄蕊约25枚,略短于花瓣,花部无毛,核果扁球形,径1~3 cm,腹缝线上微见沟纹,光亮或微被白粉,花叶同放,花期南方为3月,秦岭-淮河以北4至5月。果常早落。

【分布】原产于中亚及我国新疆天山一带,现作为果树广泛栽培。

【用途】果食用;药用,具有清热解毒、活血化瘀、止痛、利水等功效。

图1　李　树

【植物诗歌】

李　花

宋·李复

桃花争红色空深,李花浅白开自好。立日含青意涩缩,今晨碎玉乱高杪。

暖风借助开更多,余阴郁芘花还少。天晴不愁不烂漫,后花开时先已老。

图2 李 花

图3 李 子

赏析：杪（miǎo），树梢。芘，同庇，荫蔽。进入春天，当然是桃花和李花的天下。诗人喜欢用桃李争春来形容春花之烂漫。有人爱其白，如宋朝朱淑真的“小小琼英舒嫩白，未饶深紫与轻红”；有人爱其花朵繁多，如宋朝杨万里的“李花宜远更宜繁，惟远惟繁始足看”。诗人李复明显更爱李花那淡淡的浅白，初春到来，乍暖还寒，嫩绿初放，那一树的浅白李花，绽满枝头，才是诗人的最爱。春风送暖，李花烂漫，同时表达了韶华易逝，光阴荏冉之情。

图4　红叶李花枝

图5　红叶李花

【植物文化】

花语:纯洁。

李树花开如雪,远观气势磅礴,近看古韵雅致,为人们带来无尽诗意与想象,如《尔雅》“五沃之土,其木宜梅李”,《乐府诗集·古辞·君子行》云“瓜田不纳履,李下不正冠”。有俗语说“桃养人,杏伤人,李子树下抬死人”,是说李子不可多食。

目前广为栽培的李属景观植物还有红叶李(*Prunus cerasifera*)(图4,图5),3月中旬盛花,花单瓣,萼片360度反折。核果,熟时红色(图6)。

图6　红叶李果实

杏花篇

杏　花 *Armeniaca vulgaris*

【科】蔷薇科 Rosaceae

【属】杏属 *Armeniaca*

【主要特征】落叶乔木。叶互生，叶边缘有钝锯齿，叶柄顶端有二腺体。花单生或2～3个同生，白色或微红色(图1，图2)，花瓣基部具有细长的爪部(图3)。扁圆形核果，果皮向阳部常具红晕和斑点。花期3～4月，果期6～7月。

【分布】产于我国各地，以华北、西北和华东地区种植较多，在新疆伊犁一带有野生纯林；世界各地也有栽培。

【用途】食用，营养极为丰富，内含较多的糖、蛋白质以及钙、磷等矿物质，另含维生素A原、维生素C和B族维生素等。

图1　杏　花

【植物诗歌】

清　明

唐·杜牧

清明时节雨纷纷，

路上行人欲断魂。

借问酒家何处有？

牧童遥指杏花村。

赏析：清明时节，有时春光明媚，花红柳绿，有时却细雨纷纷，绵绵不绝。此刻的清明，行人稀少。诗人看见路上行人凭吊逝去亲人，伤心欲绝，愁绪满怀。“牧童遥指”把读者带入了一个与前面哀愁悲惨迥异的境界，小牧童热心甜润的声音，远处杏花似锦、春意闹枝、村头酒旗飘飘极有韵致的画面，不仅有“柳暗花明又一村”之感（图4），也抒发了孤身行旅之人从黯然神伤到找到慰藉的兴奋心态。

图2　杏花传粉

图3　杏花（示细长爪部）

图4　杏花村杏花

图5 杏 梅

【植物文化】

花语:少女的慕情、娇羞、疑惑。

杏花是我国具有悠久历史文化的一种树木,许多诗词歌赋均有杏花身影。唐代南卓《羯鼓录》讲述了一则“羯鼓催花”的故事,说唐玄宗好羯鼓,曾游别殿,见柳杏含苞欲吐,叹息道:“对此景物,岂可不与判断之乎。”命高力士取来羯鼓,临轩敲击,并自制《春光好》一曲,当轩演奏,回头一看,殿中的柳杏这时繁花竞放,似有报答之意。玄宗见后,笑着对宫人说:“此一事,不唤我作天公可乎?”

与杏树特别相近的杏梅(*Armeniaca mume* var. *bungo*)(图5),为杏与梅的杂交种,其枝叶介于梅杏之间,花托肿大、梗短、花不香,似杏,果味酸、果核表面具蜂窝状小凹点,又似梅。杏梅和杏花花期几乎相同,稍迟于梅花。杏梅花萼片开后少反折,而杏花盛开花萼几乎全反折相区别。

梅花篇

梅　花 *Armeniaca mume*

图1　梅　花

图2　梅　子

【科】蔷薇科 Rosaceae

【属】杏属 *Armeniaca*

【特征】小乔木，稀灌木。叶片卵形或椭圆形。叶柄具腺体。花单生或有时2朵同生于1芽内，雄蕊多数，雌蕊1枚（图1）。果实近球形，黄色或绿白色（图2），味酸。花期1～3月，果期5～6月。

【分布】我国各地均有栽培，日本和朝鲜也有分布。梅花最宜植于庭院、草坪、低山丘陵，可孤植、丛植、群植。

【用途】观赏，药用。

【植物诗歌】

山园小梅

宋·林逋

众芳摇落独暄妍，占尽风情向小园。

疏影横斜水清浅，暗香浮动月黄昏。

霜禽欲下先偷眼，粉蝶如知合断魂。

幸有微吟可相狎，不须檀板共金樽。

赏析：诗人林逋，浙江人，幼时好学，通晓经史，性孤高傲，曾漫游江淮间，后隐居杭州西湖，结庐孤山，终身不仕，未娶妻室，与梅花、仙鹤作伴，称“梅妻鹤子”。诗中“疏影横斜水清浅，暗香浮动月黄昏”两句将梅花的风韵写尽写绝，它神清骨秀、高洁端庄、幽独超逸，成为千古绝唱。

百花凋零，独有梅花迎着寒风昂然盛开，那明媚艳丽的景色把小园的风光占尽。稀疏的影儿，横斜在清浅的水中，清幽的芬芳浮动在黄昏的月光之下。寒雀想飞落下来时，先偷看梅花一眼。蝴蝶如果知道梅花的妍美，定会销魂失魄。作者有幸能低声吟诵，和梅花亲近，不用敲着檀板唱歌，举着金杯饮酒来欣赏它。

图3　红梅傲雪

【植物文化】

花语：坚强、高雅和忠贞。

赏梅花的兴起，大致始于汉初。《西京杂记》载：汉初修上林苑，远方各上名果佳树，有朱梅、胭脂梅。五瓣梅花形状代表“梅开五福”，即“快乐、幸运、长寿、顺利、太平。”另有“梅具四德”之说：“初生为元，开花为亨，结子为利，成熟为贞。”松竹梅是“岁寒三友”，松“四季常青”，梅“傲雪挺立”，竹“宁折不屈”。

古今不少诗人常常把雪与梅并写。雪因梅透露出春的信息，梅因雪更显出高尚的品格。经典的有宋代《雪梅》：“梅雪争春未肯降，骚人阁笔费评章。梅须逊雪三分白，雪却输梅一段香。”在诗人卢梅坡的笔下，二者却为争春发生了“摩擦”，都认为各自占尽了春色，装点了春光，而且互不相让（图3）。这种写法，新颖别致，出人意料。诗的后两句点名诗的哲理：借雪与梅的争春，告诫我们人各有所长，也各有所短，要有自知之明。毛泽东《卜算子·咏梅》中写道：“风雨送春归，飞雪迎春到。已是悬崖百丈冰，犹有花枝俏。俏也不争春，只把春来报。待到山花烂漫时，她在丛中笑。”雪与梅都成了报春的使者，冬去春来的象征。

梅花还作传情之意。南朝陆凯《赠范晔》：“折花逢驿使，寄与陇头人。江南无所有，聊寄一枝春。”诗中借折梅赠友，以梅花自许，也表达对友人具有梅花一样品格的赞赏。

目前，观赏梅花常见的有红梅（图4）、白梅（图5，图6）等。唐代王冕曾歌咏《白梅》：“冰雪林中著此身，不同桃李混芳尘。忽然一夜清香发，散作乾坤万里春。”该诗描绘了白梅耐寒、清高、报春的特点。

图4 红 梅

图5 白 梅

图6 白 梅

梨花篇

梨　花 *Pyrus* sp.

【科】蔷薇科 Rosaceae

【属】梨属 *Pyrus*

图1　梨　树

图2　梨花花枝

【主要特征】别称大鸭梨。落叶乔木(图1),叶圆如大叶杨,茎外具粗皮,枝撑如伞。花为白色(图2),或略带粉红色,有五瓣(图3),春季开花,花色洁白,如同雪花,具有浓烈香味。雄蕊多数,花柱5枚。果实圆形,褐色,有明显斑点(图4)。花期4月,果期6月中下旬。

【分布】东方梨绝大多数种原产中国,至少有3 000年的栽培历史。19世纪以来,中国梨引种到欧美及日本各地栽培。西洋梨原产欧洲中部到东南部、高加索、小亚细亚、波斯北部等地,也有2 000年以上历史。西洋梨在我国烟台、福山、牟平等地区栽植,这些区域成为中国西洋梨的主要产区。

【用途】梨的果实食用,梨花可供观赏。

图3 梨 花

图4 梨果实

【植物诗歌】

东栏梨花

宋·苏轼

梨花淡白柳深青，柳絮飞时花满城。

惆怅东栏一株雪，人生看得几清明。

赏析：这首诗是宋代诗人苏轼所作的七言绝句。先写静态，梨花的淡白，柳的深青，通过对比，衬托出景色的层次；紧接着是动态，满城飞舞的柳絮，恰如“撩乱春愁如柳絮，悠悠梦里无寻处”，空对东栏梨花，感叹人生苦短。全诗抒发了诗人感叹春光易逝，人生苦短的愁情，也抒发了诗人淡看人生，从失意中得到解脱的思想感情。

图5 棠 梨

【植物文化】

花语：纯情，纯真的爱，永不分离。

梨花，抖落寒峭，撇下绿叶，先开为快，独占枝头，是刚和柔的高度统一。砀山酥梨驰名中外，历史悠久，具有2 500年的栽培史。明代修编的《徐州府志》已有“砀山产梨”的记载。安徽砀山被誉为“中国梨都”，吉尼斯纪录的中国梨种植面积最大的城。梨花虽然很好看，但在中国古代大户人家的府里都不会把梨花种在最重要或显眼的地方，因为古时人们讲究吉利，梨花是白色的，且“梨”谐音“离”，因此被古人认作不吉利的象征。

本属常见的棠梨（*Pyrus betulaefolia*），高大乔木（图5），嫩叶具毛（图6），但其果实小，直径5～10 mm，是梨果实的十分之一左右（图7）。

图6 棠梨叶（被毛）

图7 棠梨果实

枇杷篇

枇　杷 *Eriobotrya japonica*

【科】蔷薇科 Rosaceae

【属】枇杷属 *Eriobotrya*

【主要特征】又叫芦枝、金丸等。常绿小乔木，叶子大而长，厚而有茸毛，呈长椭圆形（图1）。圆锥花序顶生，花梗密生锈色绒毛。花为白色或淡黄色，花瓣5，雄蕊20，远短于花瓣，花柱5，离生（图2）。果实球形，黄色或橘黄色（图3）。花期10～12月，果期次年5～6月。

【分布】原产于我国长江上游，公元9世纪前传至日本，1180年日本开始有栽培枇杷的文字记载，18世纪被引入欧洲。

【用途】食用，药用。

图1　枇　杷

【植物诗歌】

初夏游张园

宋·戴复古

乳鸭池塘水浅深，熟梅天气半阴晴。

东园载酒西园醉，摘尽枇杷一树金。

图2 枇杷花

图3 枇杷果

赏析：小鸭在池塘中或浅或深的水里嬉戏，梅子已经成熟了，天气半晴半阴。在这宜人的天气里，邀约一些朋友，载酒游了东园又游西园，风景如画，心情格外舒畅，尽情豪饮，有人已经醉醺醺了。园子里的枇杷果实累累，像金子一样垂挂在树上，正好摘下来供酒后品尝。

【植物文化】

枇杷有2 200多年栽培历史。《说文》记载"琵琶本作枇杷"。《释名》称"枇杷，本出于马上所鼓也。推手前曰'枇'，引手却曰'杷'"，于是有了戴铭金《高阳台》"芳名巧向琵琶借"的诗句。枇杷的英文Loquat来自芦橘的粤语音译。苏轼有诗："罗浮山下四时春，芦橘杨梅次第新。日啖荔枝三百颗，不辞长作岭南人。"许多人认为诗中的芦橘就是枇杷，可能为讹传。司马相如的《上林赋》里说"卢橘夏熟，黄甘橙榛，枇杷橪柿，亭奈厚朴"，这些东西是并列陈述的，可见卢橘、枇杷是两种不同的果实。

图4 雪中枇杷

历代文人墨客留下了许多吟咏枇杷的名篇佳句（图4），如唐代杜甫的"杨柳枝枝弱，枇杷对对香"，活灵活现地点染出江南枇杷成熟时的旖旎风光。唐代白居易的"淮山侧畔楚江阴，五月枇杷正满林"，宋代杨万里的"大叶耸长耳，一梢堪满盘"，则道出了枇杷浓荫的特点。枇杷秋日养蕾，冬季开花，春来结子，夏初成熟，承四时之雨露，为"果中独备四时之气者"。

绣线菊篇

单瓣李叶绣线菊 *Spiraea prunifolia* var. *simpliciflora*

图1　单瓣李叶绣线菊

【科】蔷薇科 Rosaceae

【属】绣线菊属 *Spiraea*

【主要特征】李叶绣线菊(*Spiraea prunifolia*)又叫笑靥花(图1)。灌木,小枝细长(图2),稍有棱角。叶片卵形至长圆披针形。伞形花序,具花3～6朵,花白色(图3),有重瓣和单瓣之分。花期3～5月。

【分布】产于安徽、山东、江苏、浙江、江西、湖南、福建、广东、台湾等地,朝鲜、日本也有分布。

【用途】观赏,根药用。

图2　单瓣李叶绣线菊

图3　单瓣李叶绣线菊花

【植物诗歌】

笑靥花

宋·叶茵

蔟蔟琼瑶屑，花神点缀工。

似知吟兴动，满面是春风。

赏析：蔟蔟，丛集貌；屑，碎末。琼瑶屑，洁白的玉屑儿。李叶绣线菊在《花镜》中为笑靥花。远观笑靥花一团团，一簇簇，晶莹洁白，巧夺天工。笑靥花似乎知道了诗人的雅兴而临风起舞，原来春天到了，借物拟人，表达了诗人乐观豁达的情怀。

图4 菱叶绣线菊

【植物文化】

花语：笑脸迎人，开朗。

菱叶绣线菊（*Spiraea vanhouttei*）（图4，图5）因叶片呈菱形而明显区别于单瓣李叶绣线菊。

图5 菱叶绣线菊

珍珠梅篇

华北珍珠梅 *Sorbaria kirilowii*

图1　华北珍珠梅

【科】蔷薇科 Rosaceae

【属】珍珠梅属 *Sorbaria*

【主要特征】别名干柴狼、吉氏珍珠梅、珍珠树等。高达3 m，小枝圆柱形，稍弯曲，光滑无毛，幼时绿色，老时红褐色（图1）。羽状复叶，具有小叶片13～21枚。顶生大型密集圆锥花序。苞片线状披针形，萼筒浅钟状，花瓣倒卵形，先端圆钝，基部宽楔形，白色，雄蕊20，着生在花盘边缘，花柱稍短于雄蕊。蓇葖果长圆柱形，萼片宿存，反折，稀开展。花期6～7月，果期9～10月。

【分布】产于河北、河南、山东、山西、陕西、甘肃、青海、内蒙古等。

【用途】园林观赏。

【植物诗歌】

真珠花

宋·张舜民

风中的皪月中看,解作人间五月寒。

一似汉宫梳洗了,玉珑璁压翠云冠。

赏析:的皪(de lì)光亮、鲜明貌,如司马相如《上林赋》:“明月珠子,的皪江靡。”真珠花即珍珠梅开的珍珠花,在暮春时节,其白花晶莹剔透,在月下观赏珍珠花,别有风味。那片片花朵,犹如堆积在枝头的残雪。这晶莹的珍珠花好像汉代宫女,她们刚刚梳洗完毕,那雪白铮亮的玉饰,正压在翠羽装饰的帽子上。珑璁之玉喻作白花,而用翠云冠喻作绿叶,以人喻物,用人衬物,十分精彩。

【植物文化】

花语:友情、努力。

珍珠梅以其花色似珍珠而得名。珍珠梅俏丽中不失高雅,凌霜傲雪,在万花凋谢、风沙严重的秋天,唯其一枝独秀,成为坚强勇敢,勇于与困难作斗争的美丽标志,成为鼓舞人心的伙伴。

华北珍珠梅和珍珠梅(*Sorbaria sorbifolia*)的区别:外形,华北珍珠梅属灌木,高约3 m,小枝较光滑,无毛,珍珠梅相对前者要矮小些,约2 m,小枝圆柱形,有短柔毛;叶片,华北珍珠梅为羽状复叶,小叶片有13~21枚,托叶膜质,为线状披针形,珍珠梅小叶片有11~17枚,托叶叶质,为卵状披针形后至三角披针形。

金樱子篇

金樱子 *Rosa laevigata*

【科】蔷薇科 Rosaceae

【属】蔷薇属 *Rosa*

【主要特征】别称刺梨子、山石榴。常绿攀援灌木，小枝散生扁弯皮刺。小叶革质，通常3。花单生于叶腋，直径5～7 cm，花梗和萼筒密被腺毛。花瓣白色（图1），雄蕊多数，花柱离生。果梨形，外面密被刺毛（图2）。花期4～6月，果期7～11月。

【分布】产于陕西、安徽、江西、江苏、浙江、湖北、湖南、广东、广西、台湾、福建、四川、云南、贵州等地。

【用途】根、叶、果均入药，根有活血散瘀、祛风除湿、解毒收敛及杀虫等功效；花供观赏。

图1　金樱子花

图2 金樱子果实

【植物诗歌】

金樱子

宋·姚西岩

三月花如檐卜香，霜中采实似金黄。

煎成风味亦不浅，润色犹烦顾长康。

赏析：诗文中的檐卜又作檐蔔香，产西域，花甚香。这首诗赞美了金樱子色味俱全，三月开花如同栀子花香，初冬果实金黄透亮，既能成美食，还能健身长寿。

【植物文化】

花语：白云般芬芳，阳光。

《经》云："如入檐卜林，闻檐卜花香，不闻他香。"唐代段成式《酉阳杂俎·木篇》："陶真白言：栀子翦花六出，刻房七道，其花香甚，相传即西域檐卜花也。"清代孙枝蔚《胜音上人持张虞山书见访兼示与淮上诸子唱和》诗："花中爱檐卜，味中想醍醐。"栀子花味香色白，栀子之种据说来自天竺，佛经谓之"薝卜"。金樱子花白如玉，似栀子花，且果甜带刺，像是可远观而不可亵玩的圣洁者。

石楠篇

石　楠 Photinia serrulata

【科】蔷薇科 Rosaceae

【属】石楠属 *Photinia*

【主要特征】常绿灌木或中型乔木(图1)。叶片革质,长椭圆形,边缘有疏生具腺细锯齿,近基部全缘,中脉显著。复伞房花序顶生。花瓣白色(图2),近圆形,雄蕊20,外轮较花瓣长,内轮较花瓣短,花柱2,有时为3,基部合生,柱头头状(图3)。果实球形,红色(图4)。花期6~7月,果熟期10~11月。

【分布】主要产于长江流域及秦岭以南地区,华北地区有少量栽培;日本、印度尼西亚也有分布。

【用途】叶和根供药用,为强壮剂、利尿剂,有镇静解热等作用;可作土农药防治蚜虫,用于园林绿化。

图1　石　楠

图2　石楠花序

图3　石楠花

图4 石楠果实

【植物诗歌】

看石楠花

唐·王建

留得行人忘却归，雨中须是石楠枝。

明朝独上铜台路，容见花开少许时。

赏析：这首诗并未直接写石楠花如何动人，而是采用烘托手法，在石楠花下令人流连忘返。铜台即铜雀台，位于河北省临漳西南古邺城，建安十五年建造。诗人用难舍的情怀对石楠花说，明天我就要孤独地去往铜雀台，希望能多开几朵，再睹芳容。

【植物文化】

石楠花的花语是孤独寂寞，庄重、威严和索然无味。白色石楠花的花语是持久、保护和愿望成真。

在日本，有石楠花祭的习俗：每年4月8日，释迦牟尼的生日，日本寺院会举行一种用石楠花进行祭祀的活动。

常见园林观赏植物红叶石楠（*Photinia × fraseri*）（图5）是蔷薇科石楠属杂交种的统称，主要产于亚洲东部和东南部、北美洲的亚热带和温带地区。

图5 红叶石楠

大豆篇

野大豆 *Glycine soja*

【科】豆科 Leguminosae

【属】大豆属 *Glycine*

【主要特征】别称野黄豆、马料豆、捞豆等。一年生缠绕性草本，蔓茎纤细，略带四棱形，密披浅黄色长硬毛(图1)。叶互生，3小叶。花蝶形，淡红紫色(图2)，腋生总状花序，花萼钟状，5裂，旗瓣近圆形，雄蕊常为10枚。荚果线状长椭圆形(图3)，略弯曲，种子2~4粒。花期5~6月，果期9~10月。

【分布】广泛分布于我国南北各地和东亚东部。

【用途】野大豆茎叶柔软，适口性良好，为各种家畜所喜食。

图1　野大豆

图2　野大豆花

图3　野大豆果实

【植物诗歌】

秋夜喜遇王处士

唐·王绩

北场芸藿罢，东皋刈黍归。

相逢秋月满，更值夜萤飞。

赏析：处士，是对有德才而不愿做官的隐士的敬称。"芸"，通"耘"，指耕耘。藿，指豆叶。全诗描绘的场景是在屋北的菜园锄豆完毕，又从东边田野收割小米回来。在今晚月圆的秋夜，恰与老友王隐士相遇，更有穿梭飞舞的萤火虫从旁助兴。这首描写田园生活情趣的小诗，在质朴平淡中蕴含着丰富隽永的诗情，颇能代表诗人王绩的艺术风格。

【植物文化】

野大豆原产中国，是大豆（黄豆）（*Glycine max*）（图4）的祖先种，是中国重点保护的资源植物之一。野大豆被列为国家Ⅱ级重点保护野生植物，不是因为它稀有或濒危，而是因为它是珍贵的野生植物资源。野大豆为攀援藤本，经驯化的大豆是直立藤本。古诗文中的"藿"泛指豆类植物的叶子。大豆原名叫"菽""荏菽"，五谷（稻、黍、稷、麦、菽）之一，《诗经·小雅》中记有"采菽采菽，筐之莒之。君子来朝，何锡予之"的诗句。大豆至今已有5 000年的种植史，《诗经》中有"中原有菽，庶民采之"的记述，出土的殷墟甲骨文中就有"菽"字的原体。山西侯马出土的2 300年前的文物中，就有10粒黄色滚圆的大豆。1804年引入美国，美国现已成为世界大豆第一生产大国。

图4 大 豆

决明篇

决　明 *Cassia tora*

【科】豆科 Leguminosae

【属】决明属 *Cassia*

【主要特征】一年生亚灌木状草本(图1),羽状复叶,小叶3对,顶端圆钝而有小尖头。花腋生,能育雄蕊7枚,顶孔开裂,不育雄蕊3～4枚,花瓣5枚,黄色(图2)。荚果纤细,近四棱形。花果期8～11月。

【分布】原产于我国长江以南各地区,整个美洲、亚洲、非洲均有分布。

【用途】药用,观赏。

图1　决　明

图2　决明花

【植物诗歌】

决明花

明·顾同应

个个金钱亚翠叶,摘食全胜苦茗芽。

欲教细书宜老眼,窗前故种决明花。

赏析:这首诗主要描述决明的功用,其叶能泡茶,胜过一般的苦茗芽。因为决明种子具有清肝明目的作用,所以要想视力好,应该在窗前种植决明。

【植物文化】

花语:行善、助人为乐、迁就。

《本草纲目》记载,决明"以明目之功而名",其种子可以明目,故名决明子。古籍中咏颂决明子的诗文有不少,唐代杜甫《秋雨叹》中有"雨中百草秋烂死,阶下决明颜色鲜",诗中可看出他对决明的喜爱。宋代苏辙称:"秋蔬旧采决明花,三嗅馨香每叹嗟。西寺衲僧并食叶,因君说与故人家。"这说明决明的叶子还是很好的蔬菜。

本属常见植物还有伞房决明(*Cassia corymbosa*)(图3)。决明小叶倒卵形或倒卵状长椭圆形,膜质,顶端圆钝而有小尖头;伞房决明的叶顶端狭尖。

图3　伞房决明

巢菜篇

大巢菜 *Vicia sepium*

【科】豆科 Leguminosae

【属】野豌豆属 *Vicia*

【主要特征】别名薇(《诗经》)、薇菜、野豌豆等。草本,茎有棱。叶偶数羽状复叶,顶端卷须有2~3分支或单一,托叶2深裂,裂片披针形(图1)。总状花序长于叶,花冠白色,粉红色(图2),翼瓣与旗瓣近等长,龙骨瓣最短。荚果长圆形或菱形(图3),花期6~7月,果期8~10月。

【分布】世界各地广布。

【用途】药用,具有清热利湿、和血祛瘀的功效;饲用。

图1 大巢菜

图2 大巢菜花

图3 大巢菜果实

【植物诗歌】

诗经·小雅·采薇

采薇采薇，薇亦作止。曰归曰归，岁亦莫止。
靡室靡家，玁狁之故。不遑启居，玁狁之故。
采薇采薇，薇亦柔止。曰归曰归，心亦忧止。
忧心烈烈，载饥载渴。我戍未定，靡使归聘。
采薇采薇，薇亦刚止。曰归曰归，岁亦阳止。
王事靡盬，不遑启处。忧心孔疚，我行不来！
彼尔维何？维常之华。彼路斯何？君子之车。
戎车既驾，四牡业业。岂敢定居？一月三捷。
驾彼四牡，四牡骙骙。君子所依，小人所腓。
四牡翼翼，象弭鱼服。岂不日戒？玁狁孔棘！
昔我往矣，杨柳依依。今我来思，雨雪霏霏。
行道迟迟，载渴载饥。我心伤悲，莫知我哀！

赏析：玁狁(xiǎn yǔn)，即猃狁，古代北方少数民族；靡室靡家，有家如同没有家一样，为的是与猃狁去厮杀；四牡骙骙，指马行雄壮貌；王事靡盬(mí gǔ)，指公事没有止息。这首诗描述了这样的一个情景：寒冬，阴雨霏霏，雪花纷纷，一位解甲退役的征夫在返乡途中踽踽独行。道路崎岖，又饥又渴；但边关渐远，乡关渐近。此刻，他遥望家乡，抚今追昔，不禁思绪纷繁，百感交集。艰苦的军旅生活，激烈的战斗场面，无数次的登高望归情景，一幕幕在眼前重现。此诗就是三千年前这样的一位久戍之卒，在归途中的追忆唱叹之作。其类归《小雅》，却颇似《国风》。边关士卒的"采薇"，与家乡女子的"采蘩""采桑"是不可同喻的。戍役不仅艰苦，而且漫长。"薇亦作止""柔止""刚止"，循序渐进，形象地刻画了薇菜从破土发芽，到幼苗柔嫩，再到茎叶老硬的生长过程，它同"岁亦莫止"和"岁亦阳止"一起，喻示了时间的流逝和戍役的漫长。岁初而暮，物换星移，"曰归曰归"，却久戍不归。这对时时有生命之虞的戍卒来说，不能不"忧心烈烈"。

图4 小巢菜

【植物文化】

花语：温柔的回忆。

巢菜，出自《本草纲目》：薇，生麦田中，原泽亦有。故《诗》云，山有蕨薇，非水草也。即今野豌豆。蜀人谓之巢菜。蔓生，茎叶气味皆似豌豆，其藿作蔬、入羹皆宜。《诗疏》以为迷蕨，郑氏《通志》以为金樱芽，皆谬矣。项氏云，巢菜有大小二种，大者即薇，即大巢菜，小者为苏东坡所谓元修菜，即小巢菜(*Vicia hirsuta*)(图4)。另外，与小巢菜外形非常像为四籽野豌豆(*Vicia tetrasperma*)(图5)，且经常混生在同一居群，极易混淆。大巢菜因花大、株高、果实大，内含种子10枚左右而容易区别于小巢菜和四籽野豌豆。

图5 四籽野豌豆

图6 小巢菜花

图7 小巢菜果实

小巢菜与四籽野豌豆外形十分相似(图4,图5),其区别在于:小巢菜花序具有花3~4朵或以上(图6),果实1~2枚种子(图7);四籽野豌豆花序具有花1~2朵(图8),花朵颜色有点偏红,花瓣外展平滑,果实具4枚种子(图9)。

图8 四籽野豌豆花

图9 四籽野豌豆果实

槐树篇

国　槐 *Sophora japonica*

图1　国　槐

【科】豆科 Leguminosae

【属】槐属 *Sophora*

【主要特征】落叶乔木（图1），皮孔明显。羽状复叶，小叶9～15片。圆锥花序顶生，花冠乳白色，旗瓣阔心形，有短爪，雄蕊10枚（图2）。荚果肉质，串珠状，不裂（图3）。种子肾形。花果期6～11月。

【分布】原产我国，常见华北平原、华东地区、黄土高坡。

【用途】行道树。

图2　国槐花

图3　国槐荚果

【植物诗歌】

咏 槐

宋·洪皓

弛担披襟岸帻斜，庭阴雅称酌流霞。

三槐只许三公面，作记名堂有几家。

赏析：诗人撇下公务，敞开衣襟，歪戴头巾，在庭院的槐树阴下畅饮美酒，欣赏天边的晚霞，心情舒畅。随后感慨有资格面对三槐而坐的只有三公这样的大人物，能在朝堂上留名的又有几个？“我”虽是普通百姓，坐在槐树下，饮着美酒，享受着三公的待遇，也该知足了。

图4 龙爪槐

【植物文化】

花语：清新脱俗。

《说文》称：“槐，木也，从木，鬼声。”周朝种三槐九棘，以定三公九卿之位，面对三槐者为三公座位，因此后世在门前、院中栽植有祈望子孙位列三公之意。

目前，叫槐树名称的比较多，如龙爪槐（*Sophora japonica* var. *japonica* f. *pendula*）（图4），枝条下垂，状如龙爪；刺槐（*Robinia pseudoacacia*）（图5），刺槐属植物，原生于北美洲，因枝条多皮刺而易区别；跟槐树长得特别像的紫穗槐（*Amorpha fruticosa*）（图6），是紫穗槐属植物，原产美国东北部和东南部，其花序为紫色而易识别。

图5 刺 槐

图6 紫穗槐

合欢篇

合　欢 *Albizia julibrissin*

图1　合　欢

【科】豆科 Leguminosae

【属】合欢属 *Albizia*

【主要特征】又叫马缨花。落叶乔木(图1),羽状复叶,小叶对生。夏季开花,头状花序于枝顶排成圆锥花序,花萼管状,合瓣花冠,雄蕊多条,淡红色(图2)。荚果条形(图3),扁平,不裂。花期6月,果期8～10月。

【分布】原产于美洲南部,分布于华东、华南、西南、华北等地区;朝鲜、日本、越南、泰国、缅甸、印度、伊朗及非洲东部也有分布。

【用途】药用,观赏。

【植物诗歌】

夜合欢

清·乔茂才

朝看无情暮有情，送行不合合留行。

长亭诗句河桥酒，一树红绒落马缨。

赏析：合欢花，夜间成对相合，故俗称“夜合花”。夜合欢早晨像平常的花朵那样开放，到了夜晚闭合，显得饱含深情。人若有情，见此亦不当送人远行，而应当挽留离人。但是人事浮沉，流转不定，身不由己，当长亭河桥送别、吟诗痛饮之际，那满树红英，纷纷飘坠，惹人肠断。

图2　合欢花

【植物文化】

花语：言归于好、合家欢乐。

合欢因其花形酷似古代的马头上的饰物“缨”，所以又名“马缨花”。合欢花在我国是吉祥之花，认为“合欢蠲（音juān，免除）忿”，自古以来人们有在宅第园池旁栽种合欢树的习俗，寓意夫妻和睦，家人团结，对邻居友好相处。清人李渔说：“萱草解忧，合欢蠲忿，皆益人情性之物，无地不宜种之……凡见此花者，无不解愠成欢，破涕为笑，是萱草可以不树，而合欢则不可不栽。”

图3　合欢荚果

紫藤篇

紫　藤 *Wisteria sinensis*

【科】豆科 Leguminosae

【属】紫藤属 *Wisteria*

【主要特征】落叶攀援缠绕性藤本植物(图1)。一回奇数羽状复叶互生。花紫色或深紫色(图2),花瓣基部有爪,近爪处有2个胼胝体,雄蕊10枚,9枚联合,1枚分离,属于二体雄蕊(图3,图4)。荚果扁圆条形,长达10~20 cm,密被白色绒毛,种子扁球形、黑色。花期4~5月,果期5~8月。

【分布】原产我国,朝鲜、日本亦有分布。

【用途】花供观赏,也可食用;茎、叶供药用。

图1　紫　藤

【植物诗歌】

紫藤树

唐·李白

紫藤挂云木,花蔓宜阳春。

密叶隐歌鸟,香风留美人。

赏析:这首诗生动地刻画出了紫藤优美姿态和迷人风采。阳春时节,正是紫藤吐艳之时,紫中带蓝,灿若云霞。灰褐色的枝蔓如龙蛇般蜿蜒,不知名的小鸟躲在密叶中欢唱悦耳的歌,美不胜收。诗人李白似以紫藤自喻,借紫藤挂于云木,写自己理想抱负得以实现,并希望自己能荫庇万物,给人们带来欢乐。

图2　紫藤花

【植物文化】

花语：醉人的恋情，依依的思念，沉迷的爱。

有一个美丽的女孩想要一段难忘的情缘，于是她每天诚心地向天上的月老祈求，希望自己能被成全。月老终于被女孩的虔诚感动，在她的梦中对她说："在春天到来的时候，在后山的小树林里，她会遇到一位白衣男子，那就是她期待很久的情缘。"女孩默默记住了，左盼右盼了好久，终于等到春暖花开的日子，痴心的女孩满心欢喜地如约独自来到后山小树林，紧张而又激动地等待着属于她的美丽情缘。可一直等到天快黑了，白衣男子还是没有出现，女孩在紧张失望之时，一不小心被草丛里的蛇咬伤了脚踝。女孩不能走路，家也不能回了，夜色下女孩心里开始害怕恐慌。在女孩感到绝望无助的时刻，白衣男子出现了，女孩惊喜地呼喊着救命，白衣男子上前用嘴帮她吸出了脚踝上被蛇咬过的毒血，女孩从此深深地爱上了他。可是白衣男子家境贫寒，他们的婚事遭到了女方父母的强烈反对。可女孩心意已决，非白衣男子不嫁，最终两个相爱的人双双跳崖殉情。后来，在他们殉情的悬崖边上长出了一棵树，树上居然缠着一棵藤，并开出朵朵花坠，紫中带蓝，灿若云霞，美丽至极。后人称那藤上开出的花为紫藤花，紫藤花需缠树而生，独自不能存活，便有人说那女孩就是紫藤的化身，树就是白衣男子的化身，紫藤为情而生，为爱而亡。

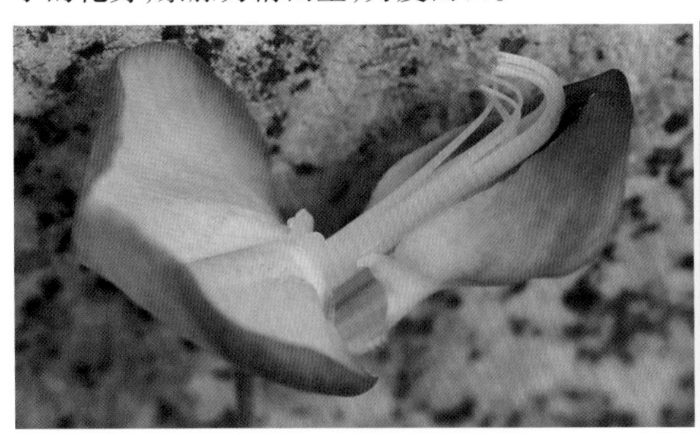

图3　紫藤花(二体雄蕊)

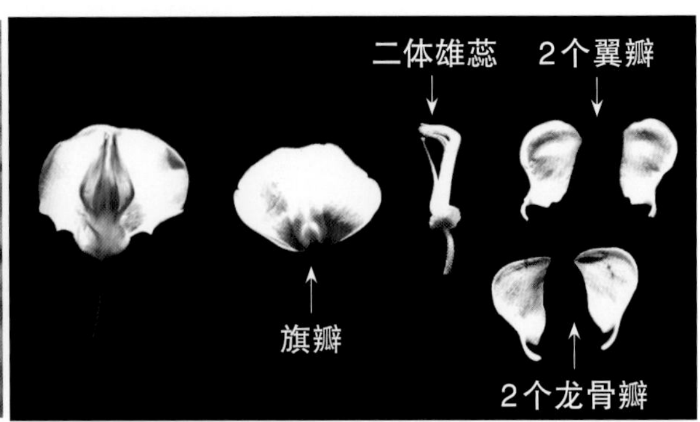

图4　紫藤花解剖

紫荆篇

紫　荆 *Cercis chinensis*

【科】豆科 Leguminosae

【属】紫荆属 *Cercis*

【主要特征】丛生或单生灌木(图1)。叶纸质,近圆形,花紫红色或粉红色,2～10余朵成束,簇生于老枝上,先叶开放,但嫩枝或幼株上的花则与叶同时开放(图2)。荚果扁狭长形(图3)。花期3～4月,果期8～10月。

【分布】产于我国东南部。

【用途】园林观赏。

图1　紫　荆

【植物诗歌】

得舍弟消息

唐·杜甫

风吹紫荆树,色与春庭暮。
花落辞故枝,风回返无处。
骨肉恩书重,漂泊难相遇。
犹有泪成河,经天复东注。

赏析:这是一首怀念弟弟的诗歌。紫荆树,喻指兄弟。战乱之时,亲人之间联系中断,诗人突然听说弟弟将前来相聚,非常高兴,又担忧见不着,表达了诗人悲喜交加的复杂心情。暮春时分,风吹动着紫荆树,落花告别了栖身很久的枝头,风去风来,花已找不着去处。虽然兄弟情深,但是却漂泊异乡,难以相遇,思恋弟弟泪水成河,又随着河水向东边流去。

图2　紫荆花

图3　紫荆果实

【植物文化】

紫荆：比拟亲情，象征兄弟和睦，家业兴旺。

据南朝吴均《续齐谐记·紫荆树》载：田真兄弟三人析产，堂前有紫荆树一株，议破为三，荆忽枯死。真谓诸弟："树本同株，闻将分斫，所以憔悴，是人不如木也。"因悲不自胜，兄弟相感，不复分产，树亦复荣。后常用"紫荆"喻指兄弟。

紫荆的另一变型白花紫荆（*Cercis chinensis* f. *alba*）（图4，图5）也作为观赏树种而广为栽培。

图4　白花紫荆花

图5　白花紫荆花序

刺桐篇

刺　桐 *Erythrina variegata*

【科】豆科 Leguminosae

【属】刺桐属 *Erythrina*

【主要特征】又叫木本象牙红。落叶乔木，具圆锥形皮刺，羽状复叶具3小叶。花鲜红色，花冠蝶形（图1）。荚果呈念珠状，种子红色。性喜强光照射。花期3月，果期8月。

【分布】产于亚洲热带，我国华南地区及四川栽培较广。

【用途】观赏，药用。

图1　刺　桐

【植物诗歌】

刺桐花

唐·王毂

南国清和烟雨辰，刺桐夹道花开新。

林梢簇簇红霞烂，暑天别觉生精神。

秾英斗火欺朱槿，栖鹤惊飞翅忧烬。

直疑青帝去匆匆，收拾春风浑不尽。

赏析：秾，盛开；烬，残余；青帝，也称“苍帝”“木帝”，司春之神，掌管百花。诗歌描绘了南国初夏雨后的清晨，刺桐花夹道盛开，深红成簇的花朵染红了天空，繁茂的刺桐花比朱槿还要漂亮，甚至惊艳了栖息的飞鸟。诗人巧妙地展示了惊飞的动态画面，进而感叹：是不是青帝走得太匆忙，没有把春风都收回去？

【植物文化】

刺桐花是中国泉州市市花，同时也是阿根廷国花，日本宫古岛市市花，冲绳县县花。中国《异物志》记载：“苍梧即刺桐，岭南多此物，因以名郡。”泉州因为刺桐普遍，故别称为“刺桐城”。

在一些地方，人们曾以刺桐开花的情况来预测年成：如头年花期偏晚，且花势繁盛，那么就认为来年一定会五谷丰登，六畜兴旺，否则相反；还有一种说法是刺桐每年先萌芽后开花，则其年丰，否则反之。所以，刺桐又名“瑞桐”，代表着吉祥如意。因为这一点，在宋代还引出争议。争论的一方是作为廉访使到泉州的丁渭，他很希望能先看到刺桐的青叶，使泉州谷熟年丰，并写下：“闻得乡人说刺桐，叶先花发卜年丰。我今到此忧民切，只爱青青不爱红。”争论的另一方是到泉州来当郡守的王十朋，他与丁渭抱有相同的愿望，但他不相信先芽后花或先花后芽的谶语，写了诗：“初见枝头万绿浓，忽惊火伞欲烧空。花先花后年俱熟，莫道时人不爱红。”虽有争论，但流传的却是一段佳话，恰是可爱的诗人，可爱的花。

吴茱萸篇

吴茱萸 *Tetradium* sp.

【科】芸香科 Rutaceae

【属】吴茱萸属 *Tetradium*

【主要特征】小乔木。奇数羽状复叶，具小叶5～11片(图1)。顶生圆锥花序。雄花序雄蕊4～5枚，雄蕊伸出花瓣之上(图2)，雌花的花瓣大于雄花的花瓣。蓇葖果嫩时微黄，熟时紫红色，有大油点。花期4～6月，果期8～11月。

【分布】产于秦岭以南各地，江浙最优，而称吴茱萸。

【用途】主药用。

图1 吴茱萸

图2 吴茱萸雄花序

【植物诗歌】

九月九日忆山东兄弟

唐·王维

独在异乡为异客，每逢佳节倍思亲。

遥知兄弟登高处，遍插茱萸少一人。

赏析：王维是一位早熟的作家，少年时期就创作了不少优秀的诗篇。这首诗是他十七岁时的作品，和他后来那些富于画意、构图设色非常讲究的山水诗不同，这首抒情小诗写得非常朴素。

此诗描绘了游子思乡怀亲之情。诗一开头描述了异乡异土生活的凄楚，因而更加怀乡思亲，每逢佳节良辰，思念倍加。接着诗一跃而写远在家乡的兄弟，按照重阳节的风俗登高时，也在怀念自己。诗意反复跳跃，含蓄深沉，既朴素自然，又曲折有致，其中"每逢佳节倍思亲"更是千古名句。

【植物文化】

春秋战国时代，吴茱萸原生长在吴国，称为吴萸。后楚王因吴萸煎汤而治好了自己的病，楚王把吴萸更名为吴茱萸。

关于王维《九月九日忆山东兄弟》诗中的茱萸指的是吴茱萸还是山茱萸颇有争议，一说是吴茱萸，另一说是山茱萸（*Cornus officinalis*）。山茱萸隶属于山茱萸科山茱萸属落叶乔木或灌木（图3），花先叶开放，花瓣反卷，黄色（图4），核果长椭圆形，红色至紫红色（图5）。之所以争论纷呈，是因为二者果期都在九月，都生有红色的果实。

关于茱萸之说，先要弄清谁是辟邪翁？最早记载“茱萸”之名的是根据成书于西汉末年至东汉初年的《神农本草经》。晋朝周处《风土记》记载：“九月九曰，律中无射而数九，俗尚此曰，折茱萸房以插头，言辟除恶气而御初寒。”到了唐代，重阳佩茱萸的习俗已很盛行，人们认为在重阳节插茱萸可以避难消灾。宋代吴自牧《梦粱录九月》说：今世人以菊花、茱萸浮于酒饮之，盖茱萸名“辟邪翁”，菊花为“延寿客”，故假此两物服之，以清阳九之厄。《本草纲目》说：茱萸气味辛辣芳香，性温热，可以治寒驱毒。于是，茱萸有雅号“辟邪翁”。

图3 山茱萸

图4 山茱萸花

《本草纲目》多处记载吴茱萸全株有特殊的香气，果实味辛辣，叶味辛、苦，性热，无毒。它的“燥烈之香”，能“避邪气、御初寒”，这些功效无疑非常符合“辟邪翁”的特质。而山茱萸虽然是传统中药，但没有香味，显然起不到驱虫作用。这足可证明古人在重阳节簪插的“辟邪翁”是吴茱萸。因此，王维诗中的茱萸指的是吴茱萸。

图5　山茱萸果实

持“山茱萸”观点派认为王维当时在山西，吴茱萸只产秦岭以南，当地不产吴茱萸，而山茱萸可以分布到更北的地区，因而意指山茱萸。实际上，盛唐时期是中国历史上著名的暖期，关中地区冬季可无雪无冰，京师长安可以种植梅花和柑橘且生长良好。秦岭以北没有野生吴茱萸分布，也完全可以把吴茱萸种植到关中地区或更靠北的地方。同样支持吴茱萸之说。

苦楝花篇

楝　树 *Melia azedarach*

图1　楝　树

【科】苦木科 Simaroubaceae

【属】楝属 *Melia*

【主要特征】别称苦楝、紫花树、金铃子等。落叶乔木(图1)。叶互生,2～3回奇数羽状复叶。圆锥花序腋生(图2),花两性,有芳香,花蕊呈紫色棒状,花蕊头似喇叭口,周围呈紫色,蕊心呈黄色(图3),花柱细长,柱头头状(图4),顶端具5齿,不伸出雄蕊管。核果椭圆形或近球形(图5),熟时为黄色。花期4～5月,果期10～12月。

图2　楝树花序

图3　楝树花蕊

图4 楝树花(花柱)

图5 楝树果实

【分布】山东、河南、河北、山西、江西、陕西、甘肃、台湾、四川、云南、海南等省常见。

【用途】木材轻软,易加工,可制家具、农具等;行道树。

【植物诗歌】

苦楝花

唐·温庭筠

院里莺歌歇,墙头蝶舞孤。天香薰羽葆,宫紫晕流苏。

晻暧迷青琐,氤氲向画图。只应春惜别,留与博山炉。

赏析:羽葆,指以鸟羽聚于柄头如盖,形容楝花样貌。宫紫,宫中多用的紫色颜料。流苏,一种下垂的以五彩羽毛或丝线等制成的穗子,犹如楝花花瓣。晻暧(ǎn ài):暝色,形容楝花盛茂。青琐:原指装饰皇宫门窗的青色连环花纹,后泛指豪华富丽的房屋建筑。博山炉,又叫博山香炉、博山薰炉等,是中国汉、晋时期民间常见的焚香所用器具。全诗描绘了暮春时节,群芳落尽,蝴蝶渐稀,楝花清香许许,紫霞氤氲,掩映庭院,如诗如画。春天就要离去,焚香惜别,留存美好,也许就是苦楝花带给我们的最好念想。

【植物文化】

花语:勤学苦练。

楝花最早载于《尔雅》:"叶可练物,谓之楝。"《草花谱》也记有"苦楝发花如海棠,一蓓数朵,满树可观"。楝树叶子还可以祛邪,据陶弘景《别录》载:"俗人五月五日,取楝叶佩之,云祛恶也。"因以四川产者为佳,故亦称川楝子,是有名的中药材。

楝字从木,从柬,柬声。"柬"意为"分类挑选"。"木"与"柬"联合起来,表示身上各个部分可以分类挑选使用的树木。

凤仙花篇

凤仙花 *Impatiens balsamina*

【科】凤仙花科 Balsaminaceae

【属】凤仙花属 *Impatiens*

【主要特征】一年生草本(图1)。茎肉质。叶互生。花单生或2～3朵簇生于叶腋,无总花梗,白色、粉红色或紫色,具长距(图2),单瓣或重瓣。蒴果宽纺锤形,两端尖,密被柔毛(图3)。花果期7～11月。

【分布】原产于中国、印度。

【用途】观赏,根、茎、花以及种子可入药。

图1 凤仙花

图2 凤仙花属的距

图3 凤仙花果实

【植物诗歌】

凤仙花

唐·吴仁璧

香红嫩绿正开时,冷蝶饥蜂两不知。

此际最宜何处看,朝阳初上碧梧枝。

图4　牯岭凤仙花

赏析：诗中描绘了红花绿叶的凤仙花正开的时候，蜜蜂、蝴蝶还没有发现；最适宜观赏的时候是朝阳初生时分，此时的凤仙花犹如栖落在梧桐上的凤凰。将凤仙花视作凤凰的化身，凤仙花在诗人心中的地位，由此可见一斑。

【植物文化】

花语：别碰我，源于它的英文别名Touch me not，美语为Don't touch me，因为它的籽荚只要轻轻一碰就会弹射很多籽儿来。

凤仙花，因单瓣花朵“宛如飞凤，头翅尾足俱全”，翩翩然“欲羽化而登仙”得名。凤仙花除了欣赏，更多是为了染指甲，故又称指甲草、指甲花。

本属常见植物牯岭凤仙花(*Impatiens davidi*)(图4)因花序有明显总梗和花黄色而易区别，且花有明显的红褐色条纹(图5)。

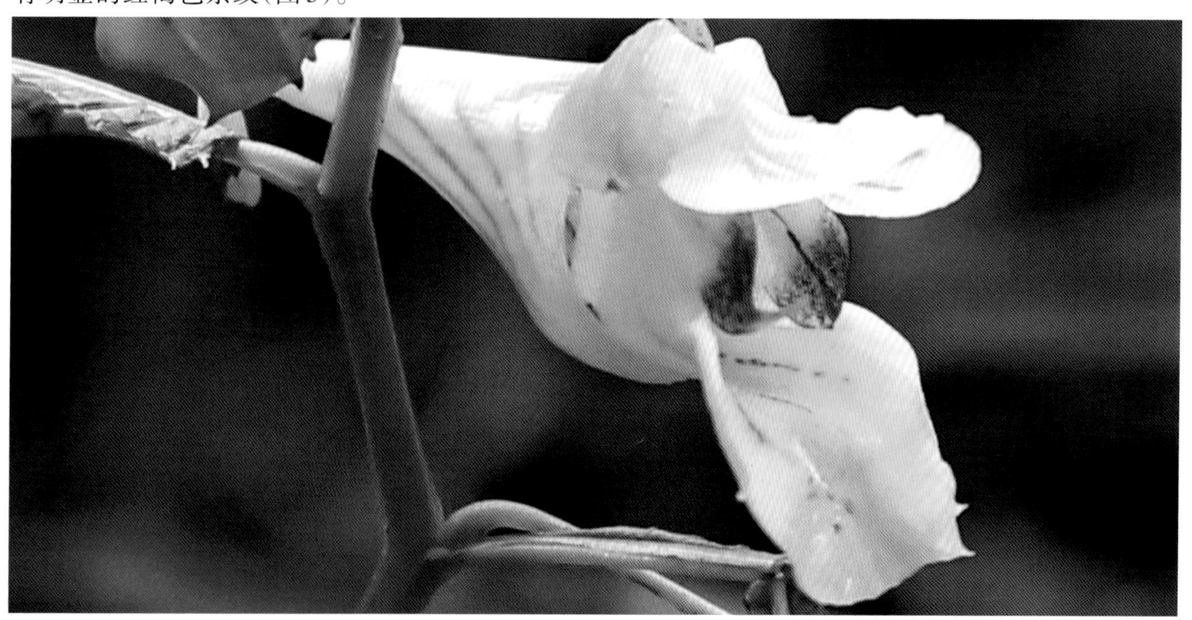

图5　牯岭凤仙花

枣花篇

枣 *Ziziphus jujuba*

【科】鼠李科 Rhamnaceae

【属】枣属 *Ziziphus*

图1 枣 花

【主要特征】落叶小乔木，稀灌木。枝条红褐色，呈“之”字形曲折。具2个托叶刺，一长一短，长者直伸，短者反曲成钩状。叶纸质，卵状椭圆形，基部三出脉。花黄绿色，两性，5基数，单生或2~8个密集成腋生聚伞花序(图1)。核果矩圆形或长卵圆形，俗称枣子(图2)。花期5~6月，果期8~9月。

【分布】原产于我国，亚洲、欧洲和美洲常有栽培。

【用途】果供食用，花为重要蜜源植物。

【植物诗歌】

浣溪沙·簌簌衣巾落枣花

宋·苏轼

簌簌衣巾落枣花，村南村北响缫车。牛衣古柳卖黄瓜。

酒困路长惟欲睡，日高人渴漫思茶。敲门试问野人家。

图2 枣 果

赏析：该词是苏轼43岁在徐州任太守时所作。1078年（元丰元年）春天，徐州发生了严重旱灾，作为地方官的苏轼曾率众到城东二十里的石潭求雨。得雨后，他又与百姓同赴石潭谢雨。苏轼在赴徐州石潭谢雨路上写成组词《浣溪沙》，共五首，这是第四首。作品描述他在乡间的见闻和感受。衣巾在风中簌簌作响，枣花随风飘落。村子从南到北缫丝的声音响成一片，穿着麻布衣裳的农民坐在老柳树下叫卖黄瓜。诗人酒意上头，一路上都昏昏欲睡，艳阳高照，口渴难忍，敲敲一家农人的院门，看他可否给一碗浓茶？全词有景有人，有形有声有色，乡土气息浓郁。日高、路长、酒困、人渴，表现旅途的劳累，但传达出的仍是欢畅喜悦之情，表现出诗人体恤民情的精神风貌。

【植物文化】

花语：忍耐。

枣，谐音“早”，象征着幸福、美满和吉祥早日到来。在新婚典礼中，大枣和花生是必备的果品，人们把祈求多子多福、传宗接代的心愿，寄托在枣身上，祈求“早（枣）生贵子”。在许多古典小说戏曲中，有许多用枣作为隐语的。据《传灯录》记载：禅宗五祖弘忍欲传法于六祖惠能，交他粳米三粒、枣子一枚。惠能悟出：“师令我三更早来也。”在《西厢记》第三本第二折中，崔莺莺让红娘给张生传书信，红娘不懂，张生向红娘解释明白后，红娘唱道：“原来那诗句儿里包笼着三更枣，简帖儿里埋伏着九里山。”此处也用“三更枣”暗约张生“三更早些来”。元曲《香囊怨》也用“干枣儿”谐音“赶早儿”。

扶桑篇

扶　桑 *Hibiscus rosa-sinensis*

图1　扶　桑

【科】锦葵科 Malvaceae

【属】木槿属 *Hibiscus*

【主要特征】别名佛槿、朱槿、佛桑等,为常绿灌木。叶阔卵形或狭卵形。花单生于上部叶腋间,常下垂。花冠漏斗形,直径6 ~ 10 cm,玫瑰红色或淡红、淡黄等色,花瓣倒卵形,先端圆(图1)。蒴果卵形,有喙。花期全年。

【分布】华南广为栽培,在长江流域及其以北地区为重要的温室和室内花卉。

【用途】观赏,药用。

【植物诗歌】

佛桑花

宋·姜特立

东方闻有扶桑木,南土今开朱槿花。

想得分根自旸谷,至今犹带日精华。

赏析:根据《山海经》《楚辞》等记载,扶桑是中国古代神话中生于日出之处旸谷的一种神木巨树。南方有一种朱槿正在开花,作者猜想朱槿与扶桑应是同根而生,因为从旸谷分的根,沾了太阳的光,带着日光的精华,所以花红似火,从而赞美了这种美丽的红花植物。

【植物文化】

早在西晋嵇含的《南方草木状》中首次记载："朱槿花，茎叶皆如桑，叶光而厚。""朱槿"名字可能是因其"木槿别种"，且花红，故名。

至唐代以后，朱槿有了新名字"佛桑"，如唐代刘恂《岭表录异》记载："岭表朱槿花，茎叶皆如桑树，叶光而厚，南人谓之佛桑。"

图2　重瓣木槿

图3　单瓣木槿

后来又出现新名字"扶桑"。宋代之前，诗中提到"扶桑"和"朱槿"分指两种植物，扶桑指神话中的一种大树，而朱槿指的是现实中的一种花卉。但至宋代姜特立《佛桑花》诗出现后，一直到明代，二者指的都是同一植物，如李时珍《本草纲目》收载朱槿时，条目名称用的就是"扶桑"。此后，"扶桑"成了朱槿的中药正名，而朱槿倒成了别名。从此，扶桑就有了两身份，一是神话中的扶桑，另一是现实中的朱槿。后来在植物学界，根据国际命名规则，采用了出现最早的"朱槿"作为这种植物的中文学名。中药学虽然还在继续使用李时珍确定的名字"扶桑"。朱槿拉丁文学名 *Hibiscus* 来自希腊语的 hibis（埃及神鸟名）和 iskos（相似），据说是鸟吃这种植物，其种名 rosa-sinensis 是"中国产玫瑰"之意，是因为最先传入欧洲的是重瓣朱槿，其花形象玫瑰。

木槿属还有中国中部各省都产的观赏植物木槿（*Hibiscus syriacus*），此乃韩国和马来西亚的国花，有重瓣（图2）、单瓣（图3）之分。木槿种子入药，称"朝天子"。

此属还有观赏植物吊灯扶桑（*Hibiscus schizopetalus*）（图4），原产东非热带，为热带地区常见的园林植物。

图4 吊灯扶桑

木芙蓉篇

木芙蓉 *Hibiscus mutabilis*

图1　木芙蓉

【科】锦葵科 Malvaceae

【属】木槿属 *Hibiscus*

【主要特征】落叶灌木或小乔木。小枝、叶柄、花梗和花萼均密被星状毛。叶宽卵形或心形。花单生于枝端叶腋间，白色或淡红色，后变深红色（图1），花瓣近圆形，外面被毛，基部具髯毛。雄蕊多数，形成单体雄蕊，花柱顶端分枝5。蒴果扁球形，被淡黄色刚毛和绵毛，种子肾形，背面被长柔毛（图2）。花期8～10月，果期11～12月。

【分布】原产于湖南，现我国广布；日本和东南亚各国也有栽培。

【用途】净化空气；观赏；花可烧汤食，药用。

图2 木芙蓉蒴果

【植物诗歌】

题殷舍人宅木芙蓉

五代·徐铉

怜君庭下木芙蓉，袅袅纤枝淡淡红。

晓吐芳心零宿露，晚摇娇影媚清风。

似含情态愁秋雨，暗减馨香借菊丛。

默饮数杯应未称，不知歌管与谁同。

赏析：零，滴落。诗人眼里的木芙蓉红妆婀娜，摇曳多姿，清香淡雅，非常令人垂爱。后四句赋予了木芙蓉衔愁带羞的样子，有在水一方的感觉，似乎借花暗指佳人。

【植物文化】

花语：平凡中的高洁，纤细之美，贞操，纯洁等。

芙蓉有水芙蓉与木芙蓉之分，水芙蓉是指莲花，《本草》云："其叶名荷，其华未发为菡萏，已发为芙蓉。"木芙蓉是指锦葵科木莲。史料记载，自唐代始湖南湘江一带便广种木芙蓉。唐末诗人谭用之赋诗"秋风万里芙蓉国"，从此湖湘大地便享有了"芙蓉国"之雅称。

木棉花篇

木　棉 *Gossampinus malabarica*

【科】木棉科 Bombacaeae

【属】木棉属 *Gossampinus*

图1　木棉树

【主要特征】又名红棉、英雄树、攀枝花(图1)。热带及亚热带地区生长的落叶大乔木。树干基部密生瘤刺,以防止动物的侵入。花单生枝顶叶腋,通常红色,有时橙红色,萼杯状,萼齿3~5,半圆形,花瓣肉质,倒卵状长圆形,雄蕊多数,较长;花柱长于雄蕊(图2,图3)。蒴果长圆形(图4)。花期3~4月,果夏季成熟。

【分布】产于华南、云贵高原等亚热带地区,印度、斯里兰卡、中南半岛、马来西亚、印度尼西亚至菲律宾及澳大利亚北部也有分布。

【用途】药用,观赏。

图2 木棉花

图3 木棉花(正面)

图4 木棉果实

【植物诗歌】

潮惠道中

宋·刘克庄

春深绝不见妍华,极目黄茅际白沙。

几树半天红似染,居人云是木棉花。

赏析:这首诗描绘春天已经到来好久了却没有看见鲜花,放眼望去是一望无垠的黄茅,一直延伸到天际。几棵木棉树繁花盛开,占了半个天空,红色的花就像染的一样鲜艳。当地人说,这就是木棉花。

【植物文化】

花语:珍惜眼前人,把握身边的幸福。

木棉花非常漂亮,有"美人出南国,灼灼木棉姿"的美誉。木棉花为我国广州市、高雄市市花,阿根廷国花。

木棉花之所以叫"英雄花",是因为它开得红艳但又不媚俗,它壮硕的躯干,英雄般的壮观,花葩的颜色红得犹如壮士的风骨,色彩就像英雄的鲜血染红了树梢。陈恭尹在《木棉花歌》里形容"覆之如铃仰如爵,赤瓣熊熊星有角。浓须大面好英雄,壮气高冠何落落",首次称誉这种拥有奋发向上的精神及鲜艳似火的木棉为英雄树。

从古至今,西双版纳的傣族对木棉有着巧妙而充分的利用。在汉文古籍中曾多次提到傣族织锦,取材于木棉的果絮,称为"桐锦",闻名中原。在傣族情歌中,少女们常把自己心爱的小伙子夸作高大的木棉树。

木槿篇

木　槿 *Hibiscus syriacus*

【科】锦葵科 Malvaceae

【属】木槿属 *Hibiscus*

【主要特征】落叶灌木（图1）。叶菱形至三角状卵形，边缘具不整齐齿缺。花单生于枝端叶腋间，花萼钟形，裂片5，三角形。花朵色彩有纯白（图2）、淡粉红、淡紫（图3）、紫红等，花形呈钟状，有单瓣、复瓣、重瓣几种。花期7～10月。蒴果卵圆形。

【分布】木槿属主要分布在热带和亚热带地区，中国中部各省均产。

【用途】园林，食用，药用。

【植物诗歌】

双槿树

唐·张文姬

绿影竞扶疏，红姿相照灼。

不学桃李花，乱向春风落。

图1　木　槿

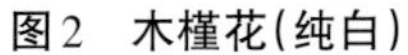

图2　木槿花(纯白)

图3　木槿花(淡紫)

赏析:此诗作者是唐代女诗人张文姬,她的诗仅存四首,都属咏物诗。这首诗描绘了张文姬和丈夫鲍照在庭院中种植了两棵木槿,夏至时节,木槿花开,满树花朵,色泽鲜艳,娇美异常。在自家庭院中观赏木槿花是一件赏心悦目的事情。在一千五百多年前的一个夏日午后,张文姬和丈夫来到了庭院中乘凉,看着满树的木槿花,你一言、我一语地称赞美丽娇艳的木槿花,是多么浪漫的一件事。

【植物文化】

花语:温柔的坚持和坚韧。

古人看到木槿花开,预示夏至节气的到来,所以《淮南子》中就有“鹿角结,蝉始鸣,半夏至,木堇荣”的句子,其中的“木堇”就是木槿。这是古人通过自然界中的特定现象,判断节气与时令的经验积累。木槿在《诗经》中叫作舜华、舜英,《诗经·郑风·有女同车》中就有“有女同车,颜如舜华”“有女同车,颜如舜英”的诗句。《诗经》中用木槿花的颜色比喻女子美丽娇艳的容颜,是中国古代诗歌里最早的关于赞美木槿花的诗句。

图4　海滨木槿

木槿属的海滨木槿(*Hibiscus hamabo*)一般生长于海滨盐碱地。花色金黄,鲜艳美丽(图4),是优良的庭园绿化苗木,也是良好的防风固沙、固堤防潮苗木,可作海岸防护林。

冬葵篇

冬　葵 *Malva verticillata*

【科】锦葵科 Malvaceae

【属】锦葵属 *Malva*

【主要特征】又名冬苋菜、滑菜(图1)。二年生草本,全株被星状柔毛。叶互生,圆肾形或近圆形,掌状5~7浅裂。花小,淡红色,常簇生于叶腋,雄蕊多数。蒴果扁球形。花期5~6月,果期6~7月。

【分布】产于安徽、内蒙古、四川、湖北,贵州、湖南等地。

【用途】药用,可治肺热咳嗽、黄疸、痢疾等症;食用。

图1　冬　葵

【植物诗歌】

汉乐府·长歌行

青青园中葵，朝露待日晞。

阳春布德泽，万物生光辉。

常恐秋节至，焜黄华叶衰。

百川东到海，何时复西归？

少壮不努力，老大徒伤悲！

赏析：诗文中的“葵”指的是葵菜而不是向日葵。这首诗借物言理，首先以园中的葵菜作比喻，“青青”比喻其生长茂盛。在春天的阳光雨露之下，万物都在争相努力地生长，因为它们都恐怕秋天很快地到来，深知秋风凋零百草的道理。大自然的生命节奏如此，人生也是这样。一个人如果不趁着大好时光努力奋斗，让青春白白地浪费，等到年老时后悔也来不及了。这首诗由眼前青春美景想到人生易逝，鼓励青年人要珍惜时光，出言警策，催人奋起。

图2 冬 葵

图3 落 葵

【植物文化】

在我国葵菜的种植历史很早，最早见于《诗经·豳风·七月》。长沙马王堆1号墓曾出土过葵籽。唐代以后，大量新菜种引进和培植，葵菜逐渐衰落以至被淘汰。到了明代，它已退出日常餐席。据清代吴其濬《植物名实图考》中的冬葵（图2），其叶型和花部特征实证“青青园中葵，朝露待日晞”中的葵，即是冬葵。《植物名实图考》中的落葵（*Basella alba*）（图3），在系统分类上，其实与冬葵相距甚远，落葵是落葵科落葵属的一种蔬菜，原产亚洲热带地区，现广为栽培供观赏或食用。

图4 秋 葵

图5 黄蜀葵

图6 蜀 葵

目前常见于餐桌上的是秋葵(*Abelmoschus esculentus*)(图4),属于锦葵科秋葵属植物,其蒴果可食。

秋葵有许多变种,黄蜀葵(*Abelmoschus manihot*)(图5)最为常见。关于秋葵的原产地,从现有资料来看,说法不一致:多数资料认为秋葵原产于非洲(或说原产北美),20世纪初从印度引入种植;也有资料认为,秋葵原产我国,食用秋葵的历史可追溯到周代,《汉书》《左传》《春秋》《诗经》《说文解字》等古籍均有葵(秋葵)的记载。现代权威典籍对秋葵的起源也有所涉及,如《辞海》曰:"黄蜀葵一名秋葵,原产我国。"

此外,还有锦葵科蜀葵属蜀葵(*Althaea rosea*)(图6)原产我国西南地区,现全国各地广为栽培供观赏。

梧桐篇

梧　桐 *Firmiana platanifolia*

【科】梧桐科 Sterculiaceae

【属】梧桐属 *Firmiana*

【主要特征】又名青桐、中国梧桐等。落叶乔木，树皮光滑，翠绿色。叶互生，掌状三至七裂，基部心脏形（图1）。夏季开花，雌雄同株，花小，花淡黄绿色，无花瓣，顶生圆锥花序（图2）。果实分为五个分果，种子圆球形，着生于果瓣边缘（图3）。果期8～9月。

【分布】产于中国和日本。

【用途】对多种有毒气体抗性强，防风、水土保持和水源涵养林树种；药用；食用。

图2　梧桐花

图1　梧　桐

图3　梧桐果实

【植物诗歌】

相见欢·无言独上西楼

南唐·李煜

无言独上西楼，月如钩。寂寞梧桐深院锁清秋。

剪不断，理还乱，是离愁。别是一般滋味在心头。

赏析：首句就将人物引入画面，孤身一人，独上西楼，仰视天空，残月如钩，月盈月缺，见证了人世间无数的悲欢离合；俯视庭院，茂密的梧桐叶已被无情的秋风扫荡殆尽，只剩下光秃秃的树干和几片残叶在秋风中瑟缩。残月、梧桐、深院、清秋，无不渲染出一种凄凉的境界，反映词人内心的孤寂之情。作为亡国之君，他在下片用极其婉转而又无奈的笔调，表达了心中复杂而又不可言喻的愁苦与悲伤。词人用丝喻愁，新颖别致，丝长可以剪断，丝乱可以整理，而那千丝万缕的"离愁"却是"剪不断，理还乱"。作为亡国之君，荣华富贵已成过眼烟云，故国家园已不堪回首，真是别是一番滋味在心头。

图4　法国梧桐

【植物文化】

梧桐在古诗中有象征高洁美好品格之意。"凤凰鸣矣，于彼高岗。梧桐生矣，于彼朝阳"（《诗经·大雅·卷阿》），诗人在这里用凤凰和鸣，歌声飘飞山岗，梧桐疯长，身披灿烂朝阳来象征品格的高洁美好。中国梧桐还有有趣的典故，即能"知闰""知秋"。"知闰"的意思是梧桐每条枝上，平年生12叶，一边有6叶，而在闰年则生13叶，但是这只是个巧合，实际没有这个规律；至于"知秋"却是一种物候和规律，"梧桐一叶落，天下皆知秋"，既合科学，又有诗意。

我们周围称梧桐的名字很多，如法国梧桐（*Platanus acerifolia*）（图4），也叫二球悬铃木，是悬铃木科悬铃木属植物，在我国公园和行道两旁较常见。

图5　臭梧桐

还有一种植物叫臭梧桐(*Clerodendrum trichotomum*)(图5),也叫海州常山,为马鞭草科大青属植物。臭梧桐花香,花冠白色或带粉红色,花冠管细(图6)。核果近球形,包藏于增大的宿萼内,成熟时外果皮蓝紫色(图7)。

图6　臭梧桐花　　　　图7　臭梧桐果实

西番莲篇

西番莲 *Passiflora caerulea*

图1　西番莲　（刘　冰　摄）

【科】西番莲科 Passifloraceae

【属】西番莲属 *Passiflora*

【主要特征】又名受难果、巴西果、百香果等。多年生常绿攀缘木质藤本植物，叶纸质，基部心形，掌状5深裂。聚伞花序退化仅存1花，花大，淡绿色（图1）。浆果卵圆球形至近圆球形，熟时橙黄色或黄色，花期5~7月。

【分布】原产于巴西，后来在南美、南非、东南亚各国、澳洲和南太平洋各地区都有种植。

【用途】花大而艳丽，观赏性极佳。

【植物诗歌】

集长寿禅林咏西番莲花歌

清·陈恭尹

西方佛有青莲眼，西番花有青莲产。朱丝作蔓碧玉英，缭绕疏篱意何限。

世间只尚紫与黄，此花无色能久长。百花香者争高价，此花不售自开谢。

唯有幽人最惬怀，竟日盘桓倚僧舍。

赏析：长寿禅寺位于浙江嘉善县，是明朝开国皇帝朱元璋下旨修建的寺院。本诗描写了西番莲花的藤本习性与花色久长的观赏特点，继而阐明其拥有百花之香的特性，诗人与此花为邻，有惺惺相惜之意。或一说是歌咏在庙堂雕梁上的西番莲纹饰图案。

【植物文化】

花语：憧憬。

西番莲含有超过132种以上的芳香物质，有“果汁之王”的美誉。其果实很像鸡蛋，果汁也像蛋黄一样橙黄诱人，所以又叫鸡蛋果。果实成熟以后，香气扑鼻。经分析，发现其有石榴、菠萝、香蕉、酸梅、草莓等水果的香味，可以说是世界上最香的水果，所以又称为“百香果”。西番莲于1610年传入欧洲，当时西班牙传教士发现其花部的形状极似基督之十字架刑具，柱头上3个分裂，极似3根钉，花瓣红斑恰似耶稣头部被荆棘刺出血形象，5个花药，恰似受伤伤痕，因此西班牙人以Passioflos名之，直译之为受难花（Passion Flower）。Passion也有热情之意，故也常被误称为热情果。西番莲的花有5片花萼和5片花瓣，像钟上的字盘，所以日本人又称为时计果。该属另外一种植物红花西番莲（*Passiflora coccinea*）（图2），因花瓣红色而易识别。

图2　红花西番莲

茶花篇

茶 *Camellia sinensis*

【科】山茶科 Theaceae

【属】茶属 *Camellia*

图1 茶 叶

【主要特征】灌木或小乔木。叶革质,长圆形或椭圆形,边缘有锯齿。花白色,萼片阔卵形至圆形(图1),宿存。蒴果球形。花期10月至翌年2月。

【分布】我国长江以南各省山区。

【用途】茶叶供饮用。

【植物诗歌】

寒 夜

宋·杜耒

寒夜客来茶当酒,竹炉汤沸火初红。

寻常一样窗前月,才有梅花便不同。

赏析:这是一首清新淡雅而又韵味无穷的友情诗。诗文描绘了客人寒夜来访,主人点火烧茶,以茶当酒,热情招待客人的情景。诗人又写到窗外刚刚绽放的梅花,使今晚的窗前月别有一番韵味,显得与众不同。

图2 红山茶

【植物文化】

“茶”字出于《尔雅·释木》：“槚，苦荼（原来的“茶”字）也。”茶的古称还有荼、诧、茗等。郭璞为《尔雅》作注时，就曾写道，“今呼早采者为荼，晚取者为茗”，但这种区别流传不广，人们依旧将“茗”作为茶的别称。目前我国有十大名茶：西湖龙井、洞庭碧螺春、黄山毛峰、都匀毛尖、六安瓜片、君山银针、信阳毛尖、武夷岩茶、安溪铁观音、祁门红茶。

茶属观赏植物有红山茶（*Camellia* sp.）和茶梅（*Camellia sasanqua*），两者区别为前者是乔木（图2，图3，图4），后者是灌木（图5）。

图3 红山茶（单瓣）

图4 红山茶（重瓣）

图5 茶 梅

秋海棠篇

四季海棠 *Begonia semperflorens*

图1　四季海棠

【科】秋海棠科 Begoniaceae

【属】秋海棠属 *Begonia*

【主要特征】肉质草本，茎直立。叶卵形或宽卵形，基部略偏斜。花淡红或带白色，数朵聚生于腋生的总花梗上，雄花较大，有花被片4(图1)，雌花稍小，有花被片5。花期长，几乎全年都能开花。

【分布】原产于巴西，我国广为栽植。

【用途】观赏，药用。

【植物诗歌】

秋海棠

清·袁枚

小朵娇红窈窕姿，独含秋气发花迟。

暗中自有清香在，不是幽人不得知。

赏析：该诗前两句描述了秋海棠的美妙形态，显示迟芳秋天的独特之处；后两句中“清香”喻指一种高洁的品德，诗人借赞美秋海棠，表现自己的高洁操守，淡泊情怀。

【植物文化】

花语：相思，苦恋。

“秋海棠”与蔷薇科的“海棠”不一样，不仅花形不同，其文化内涵也大异其趣。蔷薇科的“海棠”有“花中神仙”“花贵妃”“国艳”之誉，在园林中常与玉兰、牡丹、桂花相配植，寓意“玉堂富贵”。而“秋海棠”的文化含义却具悲情色彩，被称为“断肠花”。据史载，陆游与唐婉在离别之际，唐婉送给陆游一盆秋海棠，以寄思念之情。陆游问唐婉：“这是什么花？”唐婉凄楚的回答：“这是断肠红。”陆游听闻，思绪万千，随口便说道：“这花该叫相思红。”此后，秋海棠又名断肠花、相思草。《本草纲目拾遗》也记载：“相传昔人有以思而喷血阶下，遂生此草，故亦名‘相思草’。”我国常见的品种有四季海棠、中华秋海棠（*Begonia grandis* subsp. *sinensis*）（图2，图3）等。有诗《题秋海棠》：“峭壁悬崖涧边藏，红脉绿缘满林芳。明朝蕊开香何处，赭麓天涯自茫茫。”

图2　中华秋海棠生境

图3　中华秋海棠

仙人掌篇

单刺仙人掌 *Opuntia monacantha*

图1 单刺仙人掌

图2 单刺仙人掌花

【科】仙人掌科 Cactaceae

【属】仙人掌属 *Opuntia*

【主要特征】别称扁金铜、绿仙人掌等。丛生肉质灌木。上部分枝倒卵状椭圆形，基部楔形或渐狭。每小窠具1根刺，刺黄色（图1）。花辐状，黄色，花托倒卵形，花药黄色，花柱长淡黄色，柱头5，黄白色（图2）。浆果倒卵球形，顶端凹陷。

【分布】原产墨西哥东海岸、美国东南部、西印度群岛、百慕大群岛和南美洲北部；我国于明末引种，南方沿海地区常见栽培，在广东、广西和海南沿海地区逸为野生。

【用途】药用，具有降血糖、降血脂、降血压功效；浆果酸甜可食用。

【植物诗歌】

仙人掌

清·张维垣

柏梁台上指纹明，高立仙人一掌擎。

汉武痴心犹未足，饮来不见寿长生。

赏析：这首诗题目虽名“仙人掌”，实际上并非写植物仙人掌，而是写汉武帝建章宫“铜人仙掌”的典故传说。汉武帝曾于长安城外建起建章宫，并在其神明台上铸造铜掌仙人，该仙人手捧铜盘、玉杯承接天上的雨露。汉武帝在位时大兴土木建造了许多宫殿苑囿，晚年沉迷享乐、畏惧死亡，希望长生不老。本诗借助铜铸仙人掌，讽刺了不老的谬谈，又抒发盛衰无常的历史沧桑感。诗文与花草相映成趣。

图3 蟹爪兰

【植物文化】

花语：坚强，将爱情进行到底。

仙人掌类植物全世界有两千多种，其中一半以上就产在墨西哥。墨西哥有“仙人掌之国”的美称，因此仙人掌是墨西哥国花。仙人掌有“沙漠英雄花”的美誉。

蟹爪兰(*Zygocactus truncatus*)(图3)是仙人掌科附生肉质植物，原产巴西，我国各地公园和花圃常见栽培，为观赏植物。

图4 火龙果

本科的火龙果(*Hylocereus undatus*)(图4),量天尺属植物。花白色(图5),巨大子房下位。雄蕊多而细长,雌蕊柱头裂片多达24枚(图6)。

图5 火龙果花

图6 火龙果花(雌蕊)

紫薇篇

紫　薇 *Lagerstroemia indica*

图1　紫　薇

【科】千屈菜 Lythraceae

【属】紫薇属 *Lagerstroemia*

【主要特征】别称满堂红、痒痒树等。落叶灌木或小乔木(图1)。叶互生或偶对生,纸质,椭圆形。花色大红、深粉红、淡红色或紫色(图2)、白色,常组成顶生圆锥花序。蒴果椭圆状球形或阔椭圆形(图3)。花期6~9月,果期8~12月。

【分布】原产亚洲,广植于热带地区,我国广布。

【用途】药用,观赏。

图2　紫薇花

图3　紫薇果实

【植物诗歌】

紫薇花

唐·白居易

紫薇花对紫微翁，名目虽同貌不同。

独占芳菲当夏景，不将颜色托春风。

浔阳官舍双高树，兴善僧庭一大丛。

何似苏州安置处，花堂栏下月明中。

赏析：耄耋老翁面对风姿卓越的紫薇花，虽然他们的名字相同，但他们的情境迥异。紫薇独占夏日芳菲，开在炎热的盛夏，不是把自己的妩媚展现在那柔美的春风里，赞扬了紫薇不与群花争春、一枝独秀的品格。浔阳的官舍旁，兴善僧庭前，紫薇花茂盛生长。这多么像从前苏州居所的紫薇花，它们开在泻满月光的堂前花园中。

【植物文化】

花语：沉迷的爱，好运，雄辩，女性。

紫薇是海宁市、徐州市、烟台市等许多城市的市花。我国古代天象专用语中，"紫微"指的是紫微星，即现在的"北斗星"。古人将紫微星称为"帝星"，自汉代起，就用"紫微"来比喻帝王的居处。自唐开元以后，紫薇花遍植于皇宫内苑。《新唐书·百官志》记载："开元元年（713年），改中书省曰紫微省，中书令曰紫微令。"由此，紫薇花便具有了"皇权威仪"，成了官花，有紫袍加身之意。唐朝诗人白居易曾做过中书舍人，在中书省值夜时写下隽永诗作《直中书省》："丝纶阁下文章静，钟鼓楼中刻漏长。独坐黄昏谁是伴？紫薇花对紫微郎。"有时诗人们借咏紫薇感叹怀才不遇的情怀，如南宋诗人王十朋尚未成名时写下"自惭终日对，不是紫薇郎"的诗句。

凌霄花篇

美国凌霄 *Campsis radicans*

图1 美国凌霄

【科】紫薇科 Bignoniaceae

【属】紫薇属 *Campsis*

【主要特征】别名五爪龙、倒挂金钟等。木质藤本(图1)。羽状复叶对生,小叶9~11枚。顶生圆锥花序,花大型,具橙红色或鲜红色的冠檐,冠筒长约为冠檐长的3倍(图2)。荚果(图3)。花果期7~10月。

【分布】原产于北美。

【用途】观赏。

图2　美国凌霄花

图3　美国凌霄果实

【植物诗歌】

凌霄花

宋·陆游

庭中青松四无邻，凌霄百尺依松身。

高花风堕赤玉盏，老蔓烟湿苍龙鳞。

古来豪杰人少知，昂霄耸壑宁自期。

抱才委地固多矣，今我抚事心伤悲。

赏析：诗文一开始描述了青松和凌霄的生存状态。历史上，凌霄花一直被喻为志存高远。宋代贾昌朝赋诗："披云似有凌云志，向日宁无捧日心。珍重青松好依托，直从平地起千寻。"因为攀援于篱笆或围墙的凌霄花开时，一般在高于篱笆或围墙的地方容易看见。所以称凌霄花为高花，喻指有志之士或名士。诗人陆游寥寥数笔就展现了一幅风雨中凌霄的花朵随风堕落大地之景。

【植物文化】

花语：敬佩、声誉，寓意慈母之爱。

凌霄，即凌云九霄之意，象征一种节节攀登，志在云霄的气概，因此自古以来，我国人民对凌霄十分喜爱。唐代欧阳炯诗云："凌霄多半绕棕榈，深染栀黄色不如。满树微风吹细叶，一条龙甲飐清虚。"

常见的凌霄有两种：凌霄（中国凌霄）(*Campsis grandiflora*)与美国凌霄，凌霄花直径约6 cm，而美国凌霄花径3 ~ 4 cm；其次，凌霄的花萼有棱，绿色，而美国凌霄完全没有棱。

石榴篇

石　榴 Punica granatum

【科】石榴科 Punicaceae

【属】石榴属 *Punica*

图1　石榴花

【主要特征】落叶乔木或灌木。单叶,常对生或簇生。花顶生或近顶生,单生或几朵簇生或组成聚伞花序,近钟形,裂片5~9,花瓣5~9,多皱褶,覆瓦状排列(图1,图2)。浆果球形(图3)。外种皮肉质半透明,多汁。内种皮革质。花期5~6月,果熟期9~10月。

【分布】原产于巴尔干半岛至伊朗及其邻近地区,全世界的温带和热带都有种植;我国南北都有栽培。

【用途】食用,观赏,叶和皮可以药用。

图2　去花瓣的石榴花(内部雄蕊和花萼)

图3　石　榴

【植物诗歌】

题张十一旅舍三咏榴花

唐·韩愈

五月榴花照眼明，枝间时见子初成。

可怜此地无车马，颠倒青苔落绛英。

赏析：张十一是韩愈的好友，作者作此诗时张十一和他都被贬谪。诗人有感作诗，前两句写景，后两句抒情。前两句勾画出了五月石榴花开时繁茂烂漫的景象，尤其“照眼明”三字，生动传神；后两句点明，这是生长在偏僻地方的石榴，没人去攀折损害它的花枝，殷红的石榴花落在青苔上，红青相衬，十分优美，但却使人觉得惋惜。诗人借满地的“青苔”“绛英”，委婉表达了孤独的心境。

【植物文化】

花语：成熟的美丽、富贵和子孙满堂。

石榴原产于伊朗，于汉朝张骞由西域传入中国已有两千多年历史，因其花果美丽，口味酸甜，深受我国人民喜爱，而被广泛栽培。它花色艳丽，如火一般的颜色，寓意吉祥，常见栽培种还有重瓣红石榴（*Punica granatum* var. *pleniflora*）（图4）。中国人向来喜欢红色，满枝的石榴花象征人们希望的繁荣美好、红红火火、多子多福的幸福生活。

图4 重瓣石榴

菱角篇

菱　角 *Trapa bispinosa*

【科】菱科 Trapaceae

【属】菱属 *Trapa*

【主要特征】一年生浮水草本植物(图1)。叶片广菱形,表面深亮绿色,背面绿色或紫红色。花瓣4,白色,雄蕊4,雌蕊2,柱头头状(图2)。根二型,着泥根铁丝状,生于水底泥中,同化根,羽状细裂(图3)。果实有两角、三角、四角。角中带刺,长在角尖。花期4~8月,果期7~9月。

【分布】我国各地均有栽培,生于湖湾、池塘、河湾;日本、朝鲜、印度、巴基斯坦也有分布。

【用途】食用,菱性甘平,能解暑气、积食,消渴。

图1　菱　角

图2　菱角花

图3　菱角(同化根)

【植物诗歌】

采莲曲

唐·白居易

菱叶萦波荷飐风，荷花深处小船通。

逢郎欲语低头笑，碧玉搔头落水中。

赏析：此诗创作于白居易出任杭州（822—824年）之时，此时诗人远离朝堂，沉醉在旖旎的江南风光和与友人的诗酒酬和之中，生活轻松舒心。诗人无意间捕捉到一对年轻男女在荷田上相遇的有趣一幕，便写下了此诗。诗中描绘了在碧水荡漾一望无际的水面上，菱叶、荷叶一片碧绿，阵风徐来，水波浮动，菱叶在绿波荡漾的湖面上飘荡，荷花在风中摇曳生姿。正因为绿叶的摇动，才让人们看到了“荷叶深处小船通”。荷花深处，凉风习习，是水乡少男少女在劳动之余私下相会的极佳场所。诗歌仅以欲语而止、搔头落水两个动作细节的描写，活灵活现刻画出一个痴情、娇羞、可爱的少女形象。恋人相遇，互诉衷肠，何止千言万语，而此时此地，这个娇羞的少女却一句话也说不出来，唯有低头含笑而已，甚至不小心将碧玉搔头落入水中。这些都是初恋少女在羞怯、微带紧张的状态下才会有的情态，被诗人细心地捕捉住并传神地再现出来。白居易这首诗写采莲少女的初恋情态，喜悦而娇羞，如闻纸上有人，呼之欲出，尤其是后两句的细节描写，生动而传神，如灵珠一颗，使整个作品熠熠生辉。

【植物文化】

菱寓意为棱角分明、锋芒毕露。古时，二角为菱，三角、四角为芰，又有野菱、家菱之分。菱角由于食用而被广为栽培，而野菱（*Trapa incise*）（图4）属于国家Ⅱ级重点保护野生植物。

图4 野 菱

《采菱曲》是乐府曲调，其曲柔美动听，写的人很多，在南朝时候特别的盛行，和《采莲曲》一道构成了当时的流行曲调，直到唐朝仍有不少人写《采菱曲》。南朝江淹写《采菱曲》：“秋日心容与，涉水望碧莲。紫菱亦可采，试以缓愁年。”他说采菱可以缓解忧愁，其优美的曲调让人淡忘心中忧愁。刘禹锡也曾写《采菱行》：“白马湖平秋日光，紫菱如锦彩鸾翔。荡舟游女满中央，采菱不顾马上郎。争多逐胜纷相向，时转兰桡破轻浪。”意思是，菱角如锦缎一样飘荡在水中，采菱女子连心上人都来不及招呼，争着去采菱角，兰桨一道道划过，掀起一层轻浪。

杜鹃花篇

杜　鹃 *Rhododendron simsii*

【科】杜鹃花科 Ericaceae

【属】杜鹃花属 *Rhododendron*

【主要特征】又称山踯躅、山石榴、映山红。落叶灌木(图1)。叶革质,常集生枝端。花2~3朵簇生枝顶,花冠阔漏斗形,鲜红色或暗红色(图2)。蒴果卵球形。花期4~5月,果期6~8月。

【分布】广布于长江流域各省份,我国的横断山区和喜马拉雅地区是杜鹃花的现代分布中心之一。

【用途】观赏。

图1　杜鹃野外生境

图2　杜鹃花

【植物诗歌】

宣城见杜鹃花

唐·李白

蜀国曾闻子规鸟，宣城还见杜鹃花。

一叫一回肠一断，三春三月忆三巴。

赏析：曾经在蜀国听说到过杜鹃鸟，在宣城又见到了杜鹃花。杜鹃叫一回，诗人泪流一次，伤心欲绝，阳春三月，春光无限，此刻诗人正念叨着家乡三巴呢。

【植物文化】

花语：永远属于你。

植物杜鹃常常与动物杜鹃鸟联系在一起，有成语"杜鹃啼血"的故事：相传蜀国有位皇帝叫做杜宇，后来积劳成疾而死，其灵魂就化成杜鹃鸟，即布谷鸟，每年春天就会四处飞翔并发出"布谷"的啼叫，直到嘴里流出鲜血，洒在漫山遍野，化成美丽的杜鹃花。

目前城市园林广为栽培的有锦绣杜鹃（*Rhododendron pulchrum*）（图3），其花冠为玫瑰紫色，与血红色杜鹃花不同，未见该植物野生。

原产于大兴安岭高海拔的兴安杜鹃（*Rhododendron dauricum*）（图4）能"起死回生"而在网上热卖，从而导致野外资源的枯竭，应禁止买卖。因其看上去就是一根干枯的枝条，但只要把它泡在水里，3～7天就能开花，先开花后长叶，花期可达两个月。

图3　锦绣杜鹃

图4　兴安杜鹃

杜鹃花属多为落叶灌木，黄山杜鹃（*Rhododendron maculiferum* subsp. *anwheiense*）（图5）却是常绿灌木。1923年，南京金陵大学农学院美籍植物学家史德蔚教授在黄山首先采集到黄山杜鹃的模式标本。1925年，植物采集专家威尔逊以安徽杜鹃（*Rhododendron anwheiense*）为名将其发表。后来植物分类学家张伯伦研究发现，黄山杜鹃与分布在川、黔、鄂一带的麻花杜鹃（*Rhododendron maculiferum*）非常相近，将其归为麻花杜鹃亚种，才有了黄山杜鹃的学名。

图5　黄山杜鹃

报春花篇

安徽羽叶报春 *Primula merrilliana*

图1　安徽羽叶报春　(邵剑文　摄)

【科】报春花科 Primulaceae

【属】报春花属 *Primula*

【主要特征】多年生草本植物(图1)。叶羽状全裂,轮廓矩圆形,花葶直立,伞形花序。花分为长柱花(图2)和短柱花(图3)两种类型,花萼钟状,花冠白色或微带蓝紫色,喉部具环状附属物。蒴果近球形。花期5月,果期5~6月。

【分布】安徽、浙江等地。

【用途】观赏。

图2 安徽羽叶报春长柱花　　图3 安徽羽叶报春短柱花

【植物诗歌】

嘲报春花

宋·杨万里

嫩黄老碧已多时，骇紫痴红略万枝。

始有报春三两朵，春深犹自不曾知。

赏析：报春花开得早，虽然也有黄蕾初绽，却已是花开多时，绿叶渐老。春天，紫花已开许久，红花艳得发痴，万紫千红的花还在争相开放；春天快要结束，百花都已凋谢，枝头上仅见报春花两三朵身影，还不知道已近晚春。标题虽为“嘲”报春花，但实有“赞”报春花之意。

【植物文化】

花语：青春的快乐。

报春花属植物共有500多种，其中91%的种属于二型花柱植物，还有少量同型花柱植物，如堇叶报春（*Primula cicutarifolia*）（图4），是研究二型花柱起源和进化的好材料。

图4 堇叶报春

柿树篇

柿　树 *Diospyros kaki*

图1　柿　树

【科】柿树科 Ebenaceae

【属】柿属 *Diospyros*

【主要特征】落叶乔木，叶纸质，卵状椭圆形至倒卵形或近圆形（图1）。花有3种类型，即雌花、雄花和两性花。雌花一般单生叶腋间，不经授粉受精即可单性结实发育成果实，甜柿大部分品种只有雌花而没有雄花。雄花有雄蕊14～24个，雌蕊退化，花序腋生，为聚伞花序，果即柿子。花期5～6月，果期9～10月。

【分布】原产于我国，日本、韩国和巴西等地也有分布。

【用途】柿子味甘、涩，性寒，有清热去燥、润肺化痰、软坚、止渴生津、健脾、治痢、止血等功能。

【植物诗歌】

咏红柿子

唐·刘禹锡

晓连星影出，晚带日光悬。

本因遗采掇，翻自保天年。

赏析：本诗是一首借物喻人的佳作。清晨，熹光初露，星光隐约，一树红柿在空中闪着红润的光彩。傍晚，它又映着落日的光辉，显得光彩照人。本来因为人们遗失没有采摘，反而可以在自然里经风霜，存生命。此诗的写作与诗人经历紧密相关，刘禹锡虽然一生几经沉浮却矢志不渝、兢兢业业，不失以为万民谋福祉的本志，表达了为国为民的赤胆忠心。这首诗，启示人们一个人如果可以披星戴月、矢志如一的专注于一件事，总会有一番作为的。

图2 浙江柿

图3 浙江柿花

【植物文化】

因“柿”谐音“事”，所以柿常蕴含“事事如意”“事事安顺”等美好寓意。

据唐代段成式《酉阳杂俎》载，柿有七绝：一多寿，二多阴，三无鸟巢，四无虫蠹，五霜叶可玩，六嘉实，七落叶肥滑，可以临书。诗人多以欣喜赞美的口吻来歌咏柿子，如唐代李益《诣红楼院寻广宣不遇留题》中的“柿叶翻红霜景秋，碧天如水倚红楼”。

柿属植物常见栽培种有浙江柿（*Diospyros glaucifolia*），因其叶背面白色，也叫粉叶柿（图2，图3）。

桂花篇

桂　花 *Osmanthus fragrans*

图1　桂　花

【科】木犀科 Oleaceae

【属】木犀属 *Osmanthus*

【主要特征】常绿乔木或灌木。叶片革质，椭圆形、长椭圆形。聚伞花序簇生于叶腋，或近于帚状，每腋内有花多朵(图1)。果歪斜，椭圆形，也叫桂子(图2)。花期9～10月上旬，果期翌年3月。

【分布】原产于我国西南喜马拉雅山东段，印度、尼泊尔、柬埔寨也有分布。

【用途】绿化，观赏与实用兼备的优良园林树种，药用。

图2 桂花果实

【植物诗歌】

鸟鸣涧

唐·王维

人闲桂花落，夜静春山空。

月出惊山鸟，时鸣春涧中。

赏析：诗歌前两句以声写景，采用通感手法，将“花落”这一动态情景与“人闲”结合起来。花开花落，都属于天籁之音，唯有心真正闲下来，才能将个人的精神提升到一个“空”的境界。后两句以动写静，一“惊”一“鸣”，看似打破了夜的静谧，实则用声音的描述衬托山里的幽静与闲适，与王籍“蝉噪林逾静，鸟鸣山更幽”有异曲同工之妙。

【植物文化】

花语：吸入你的气息。

桂花是中国传统十大名花之一，早在春秋战国时期的典籍，就有桂花的记载。《山海经·南山经》提到“招摇之山多桂”；《山海经·西山经》提到“皋涂之山多桂木”；屈原在《九歌》中有“援北斗兮酌桂浆”“辛夷车兮结桂旗”。由此可见，自古以来在人们的心目中，桂花已成为美的化身，成为最受崇尚的花木之一。

目前广为栽培的桂花有：丹桂（*Osmanthus fragrans* ‘Aurantiacus’）（图3）和银桂（*Osmanthus fragrans* ‘Odoratus’）（图4）。

图3 丹 桂

图4 银 桂

丁香篇

紫丁香 *Syringa oblata*

【科】木犀科 Oleaceae

【属】丁香属 *Syringa*

图1　紫丁香花枝

图2　紫丁香花

【主要特征】又称丁香、华北紫丁香、百结、龙梢子。落叶灌木或小乔木。叶对生，厚纸质，倒卵形或披针形（图1）。圆锥花序，花淡紫色、紫红色或蓝色，花冠筒长6～8 mm（图2）。花期4～5月，果期9～10月。

【分布】原产于我国华北地区，现分布华北、华东、华南地区。

【用途】庭院优良观赏花木。花香浓郁，可提炼芳香油；叶可以入药，味苦、性寒，有清热燥湿的作用。

【植物诗歌】

丁　香

唐·杜甫

丁香体柔弱，乱结枝犹垫。

细叶带浮毛，疏花披素艳。

深栽小斋后，庶近幽人占。

晚堕兰麝中，休怀粉身念。

赏析：前四句描绘了丁香的花枝娇柔素艳，后四句虽是咏物，实是自咏，描述丁香宜栽小院以供隐士欣赏，如若去攀附高贵的兰麝，那将晚节不保。

【植物文化】

花语:光辉。

紫丁香是黑龙江省省花,西宁市市花。紫丁香在我国已有1 000多年的栽培历史,是我国名贵花卉,拥有“天国之花”的美誉(图3)。据明代高濂《草花谱》载:“紫丁香花木本,花为细小丁,香而瓣柔色紫。”约在1620年,我国的丁香通过丝绸之路经波斯、伊朗传入欧洲。由于丁香的枝条细长柔嫩,常常纠结在一起,古人称之“丁香结”,比喻心绪郁结不舒。以“结”立意,曲尽其妙,如李商隐的诗:“芭蕉不解丁香结,同向春风各自愁。”

图3 紫丁香

迎春花篇

迎春花 *Jasminum nudiflorum*

【科】木犀科 Oleaceae

【属】素馨属 *Jasminum*

图1　迎春花

【主要特征】又名金梅、金腰带、小黄花。落叶灌木丛生，株高30～100 cm。小枝细长直立或拱形下垂，呈纷披状（图1）。3小叶复叶交互对生，叶卵形至矩圆形。花单生在上一年生的枝条上，先叶开放，有清香，花金黄色，雄蕊2枚，雌蕊1枚。花期2～4月。

【分布】原产于我国华南和西南的亚热带地区，南北方栽培极为普遍。

【用途】观赏。

【植物诗歌】

玩迎春花赠杨郎中

唐·白居易

金英翠萼带春寒，黄色花中有几般？

凭君与向游人道，莫作蔓菁花眼看。

赏析：前两句指出，迎春花花黄似金，萼绿如翠，凌寒而开，在众多开黄色花的群芳之中，谁可比拟呢？又有哪一种黄花能够体现“带春寒”且与初春的霜寒相争相斗呢?如此看，迎春花还真有其不同流俗的风流高格调呢！诗的后两句奉劝世人，莫把迎春花当作蔓菁（又称芜菁，俗名大头菜，其花黄色）一类的野菜花一般看待。

【植物文化】

花语：相爱到永远。

迎春花为河南省鹤壁市市花。迎春花与梅花、水仙和茶花统称为“雪中四友”。迎春花因在百花之中开花最早，花后即迎来百花齐放的春天而得名，也有人称迎春花为“僭”客，是不满意迎春早于百花开放。但也有许多文人骚客赞赏迎春的凌寒而开，如宋代韩琦赞道：“覆阑纤弱绿条长，带雪冲寒折嫩黄。迎得春来非自足，百花千卉共芬芳。”

与迎春花特别相像的植物为黄素馨（*Jasminum floridum* subsp. *giraldii*）（图2，图3）。黄素馨花小叶3枚，长椭圆状披针形，顶端1枚较大，基部渐狭呈一短柄，侧生2枚小而无柄，较小，花单瓣易与迎春花（图4）区别（图5）。

图2　黄素馨

图3　黄素馨花

图4　迎春花（重瓣）

图5　黄素馨与迎春花

图6 探 春

本属的探春(*Jasminum floridum*)(图6)与迎春花相比,前者花期5～6月,花期迟于后者1月左右。此外,探春小叶3～7枚(图7),叶互生,而迎春花小叶3～5枚,叶对生,为常见园林绿化观赏植物。

图7 探春花

荇菜篇

荇　菜 *Nymphoides peltata*

【科】龙胆科 Gentianaceae

【属】莕菜属 *Nymphoides*

【主要特征】也叫莕菜、水荷叶、接余，为浅水性植物（图1）。茎细长柔软而多分枝，匍匐生长，节上生根，漂浮于水面或生于泥土中。叶片像睡莲。花冠黄色，5裂，裂片边缘成须状，花冠裂片中间有一明显的皱痕。雄蕊5枚，插于裂片之间，雌蕊柱头二型（图2，图3，图4）。花多且花期长。

【分布】原产于我国，日本、俄罗斯及伊朗、印度等国也有分布。

【用途】荇菜的茎、叶柔嫩多汁，可食用；庭院点缀水景佳品。

图1　荇　菜

图2　荇菜长柱花

图3　荇菜短柱花

图4　荇菜短柱花

【植物诗歌】

国风·周南·关雎

关关雎鸠，在河之洲。窈窕淑女，君子好逑。

参差荇菜，左右流之。窈窕淑女，寤寐求之。

求之不得，寤寐思服。悠哉悠哉，辗转反侧。

参差荇菜，左右采之。窈窕淑女，琴瑟友之。

参差荇菜，左右芼之。窈窕淑女，钟鼓乐之。

赏析：《诗经》草木，始于荇菜，也叫莕菜，水生草本植物。《关雎》是《诗经》开篇之作，主要描写的是男女感情之事，是一首婚礼上的歌曲，是男方家庭赞美新娘、祝颂美好的婚姻。整篇诗歌较为直白，也反映了先秦时期人们对于爱情的负责任态度，男子为追求心爱的女子，辗转反侧，夜不能寐。追求方法也和现在区别甚大，“琴瑟友之，钟鼓乐之”。相比现在人们的求爱方式，先秦时期的人们高雅的求偶方式让人叹服。

【植物文化】

花语：柔情、恩惠。

荇，又写作莕、洐，卢文弨据《说文解字》《五经文字》，考证说“荇”是一个误字，莕、洐才是本字，王先谦在《诗三家义集疏》中亦以为然。荇菜也称荇草，所以有花蕊夫人《宫词》“荇草牵风翠带横”的诗句。《尔雅》说：莕，接余。疑汉之婕妤取此义于此。婕妤，是汉宫里妃嫔的称号。《关雎》歌颂爱情，反复写到荇菜，因此汉朝的婕妤可能取义于《诗经》里的接余。

荇菜是异型花柱植物的重要代表植物之一。为了避免近交衰退，植物有许多避免自交的方式：单性花，雌雄异熟，自花不孕，花柱卷曲，异型花柱。异型花柱分为两种：花柱三型，如千屈菜；花柱二型，如荇菜。

夹竹桃篇

夹竹桃 *Nerium indicum*

图1　夹竹桃

【科】夹竹桃科 Apocynaceae

【属】夹竹桃属 *Nerium*

【主要特征】常绿直立大灌木(图1)。叶3~4枚轮生,下枝为对生。聚伞花序顶生,花芳香,花萼5深裂,花冠深红色(图2)、粉红色、白色(图3)或黄色,花冠为单瓣或重瓣。蓇葖果2,离生,平行或并连。花期几乎全年,栽培少结果。

【分布】原产于印度、伊朗和尼泊尔,我国各省(区、市)有栽培,现广植于世界热带地区。

【用途】观赏。

图2 夹竹桃(红花)

图3 夹竹桃(白花)

【植物诗歌】

夹竹桃

宋·汤清伯

芳姿劲节本来同，绿荫红妆一样浓。

我若化龙君作浪，信知何处不相逢。

赏析：诗人认为，桃的芳姿和竹的劲节，本质上是一样的，桃的红妆和竹的绿荫，都是那么浓郁。如果竹化成龙，桃就化作浪，两者相得相知，如鱼得水，缘分若到，何处不相逢。

【植物文化】

桃色夹竹桃花语：咒骂，注意危险；黄色夹竹桃花语：深刻的友情。

《浮生拾慧》记载：夹竹桃，假竹桃也。其叶似竹，其花似桃，实又非竹非桃，故名。夹竹桃是最毒的植物之一，包含多种毒素，尤其根中渗出的乳白色液体毒性更大，人、畜误食可导致死亡。

萝藦篇

萝　藦 *Metaplexis japonica*

【科】萝藦科 Asclepiadoideae

【属】萝藦属 *Metaplexis*

【主要特征】也称芄兰、羊婆奶、羊角、天浆壳、蔓藤草等。多年生草质缠绕藤本，有乳汁（图1）。单叶对生，长卵形。总状聚伞花序，腋生或腋外生。花冠白色，有淡紫红色斑纹，近辐状，5裂（图2，图3）。蓇葖果双生，纺锤形（图4，图5）。种子具白色绢质种毛。花期7～8月，果期9～11月。

【分布】分布于东北、华北、华东和甘肃、陕西、贵州、河南和湖北等省区；模式标本采自日本，朝鲜和俄罗斯亦有分布。

【用途】嫩果可以食用，味甜，有汁。

图1　萝　藦

图2　萝藦花

图3　萝藦花

【植物诗歌】

国风·卫风·芄兰

芄兰之支，童子佩觿。虽则佩觿，能不我知。容兮遂兮，垂带悸兮。

芄兰之叶，童子佩韘。虽则佩韘，能不我甲。容兮遂兮，垂带悸兮。

图4　萝藦果(锥状)

图5　萝藦果(羊角状)

赏析：芄兰，即萝藦；觿，音 xī；韘，音 shè。此诗描写了一个少年尽管佩戴着成人的服饰，而行为却幼稚无知，既不知自我，也不知与他人相处。萝藦枝叶繁茂，少年佩戴上了如萝藦果一样的角锥，配饰角锥就长大成人了，你怎么反而不懂我的心思？瞧你潇洒得意、垂带飘飘而行的样子。萝藦枝叶繁茂，少年佩戴上了射箭拉弓的扳指，戴上扳指就长大成人了，你怎么反而不懂得与我亲热？瞧你潇洒得意、垂带飘飘忘形的样子。这首诗历代学者对其主旨有很大的分歧：有人认为是赞美卫惠公；有人认为是讽刺卫惠公；还有人说这是一首恋歌，在多情的女诗人眼里，那不过是装模作样假正经罢了，实际上还是那个“顽童”。

【植物文化】

花语：启程。

《国风·卫风·芄兰》诗词中的“觿”是兽骨制成的解结用具，只有成人才可以佩戴，形同锥，似羊角，用于打开绳结，其形状与鹳鸟的长嘴近似。芄兰的蓇葖果也是如此(图5)，所以芄兰古时又名“雚”(读音、含义都与“鹳”字相通)，加上这种植物又与兰草一样芳香，所以芄兰古时实际名为“雚兰”，后来谐音传为“芄兰”。芄兰为萝藦的考证可见于陆玑《毛诗草木鸟兽虫鱼疏》：“芄兰，一名萝藦，幽州谓之雀瓢。”萝藦一名亦见于《唐本草》，究其得名，藦是古代的某种草本植物，藦前面加一个萝字，强调是一种爬藤，也就是一种藤蔓草本植物的意思。

鼓子花篇

打碗花 *Calystegia hederacea*

【科】旋花科 Convolvulaceae

【属】打碗花属 *Calystegia*

【主要特征】一年生草本，藤本。叶片基部心形或戟形。花腋生，1朵，花梗长于叶柄，花冠淡红色或近白色，钟状（图1），长2～3.50 cm。雄蕊5，近等长。蒴果卵球形。花果期6～9月。

【分布】分布于埃塞俄比亚、亚洲、马来亚以及我国各地。

【用途】可入药，具备健脾益气，促进消化、止痛等功效；有一定毒性；可作园林植物。

图1　打碗花

【植物诗歌】

长江县经贾岛墓

唐·郑谷

水绕荒坟县路斜，耕人讶我久咨嗟。

重来兼恐无寻处，落日风吹鼓子花。

赏析：长江县就是今天的四川蓬溪县，诗人经过七水八弯，路过贾岛墓，与农民闲聊很久，遇见鼓子花正在盛开。这首诗点明了鼓子花性喜荒野，花可以一直开到黄昏。

图2 鼓子花

【植物文化】

花语:恩赐。

打碗花又叫旋花,旋花科植物为何被称为旋花,大概是取其藤旋转攀爬,其花旋转开合的缘故。打碗花的属名*Calystegia*源于希腊语,由Kalyx花萼+stegon覆盖组合而成,意思是"苞片覆盖花萼"。

在我国古代建筑上到处都可以见到旋花的影子,旋花是我国建筑装饰史上使用时间最长、使用范围最广的彩绘之一。相传旋花是神仙赐给凡间的具有驱邪效果的花卉,但是它的花期只有6月到7月,而人们为了希望长期拥有旋花的驱邪保佑作用,于是把旋花刻在一些建筑上,这样就能全年都能受到旋花的保佑了,所以打碗花的花语为"恩赐"。

打碗花也叫鼓子花,李时珍解释:"其花不作瓣状,如军中所吹鼓子,故有旋花、鼓子之名。"早在几千年前就出现在《诗经·小雅·我行其野》里:"我行其野,言其菜葍,不思旧姻,求尔新特。"这是一首表达弃妇幽怨之情的诗,一位遭夫始乱终弃的女子,独自一人走在原野,采摘葍草,聊以果腹。诗中的葍就是旋花,古时视为恶草之一。在中国的传统文化里,攀援植物大多不得好评。旋花在新版《中国植物志》中名字是鼓子花(*Calystegia silvatica* subsp. *orientalis*)。实际上鼓子花与打碗花的区别表现在:(1)花大小。鼓子花长可达5 cm或以上,而打碗花长最多3.5 cm,苞片长也不超过2 cm。(2)按照《中国植物志》记载,打碗花多匍匐生长,而鼓子花则攀援向上,高可达数米。(3)打碗花喇叭筒内面是明显的深紫红色,其他部分是白色,而鼓子花整朵花是柔美的淡粉色,花冠外面有五条明显的瓣中带。

打碗花和牵牛花通常都叫喇叭花，但易与牵牛花相区别。牵牛花，别名"朝颜"，通常黎明开放，未到中午就谢了，开花时长较短，而打碗花可以从早晨一直开到晚上，且风雨无阻，所以别名叫"昼颜"。另外，暮颜和夕颜分别指的是昙花（*Epiphyllum oxypetalum*）和葫芦花。瓠子花也称葫芦花，因此夕颜泛指葫芦（*Lagenaria siceraria*）（图 3）或瓠子（*Lagenaria siceraria* var. *hispida*）（图 4）的花。

图3 葫 芦

图4 瓠 子

牵牛篇

牵　牛 *Pharbitis nil*

【科】旋花科 Convolvulaceae

【属】牵牛属 *Pharbitis*

图1　牵牛花

【主要特征】也叫裂叶牵牛。一年生缠绕草本。叶宽卵形或近圆形，深或浅3裂，偶5裂。花腋生，单一或2朵着生于花序梗顶。苞片线形或叶状，被开展的微硬毛。花蓝紫色或紫红色，花冠管色淡（图1）。雄蕊及花柱内藏。蒴果近球形（图2）。花期7～10月，果期8～11月。

【分布】原产于热带美洲，除西北和东北的一些省外，我国大部分地区都有分布。

【用途】观赏。

图2　牵牛蒴果

【植物诗歌】

牵牛花

宋·秦观

银汉初移漏欲残，步虚人倚玉阑干。

仙衣染得天边碧，乞与人间向晓看。

赏析：步虚人是传说中的仙女，这里比喻牵牛花。这首诗描写的是黎明之际盛开的牵牛花。清晨，人卷窗帘，成片的牵牛花碧叶蓝花，一望无际，熠熠生辉。诗人把这景象比喻成穿着青衣的仙女倚靠栏杆。

图3　裂叶牵牛

【植物文化】

花语：名誉，爱情永固。

牵牛花有两种：裂叶牵牛（图3）和圆叶牵牛（*Pharbitis purpurea*）（图4）。前者叶具深三裂，花中型，1～2朵腋生，莹蓝、玫红或白色；后者叶阔心脏形，全缘，花型小，有白、玫红、莹蓝等色。本科的红花野牵牛（*Ipomoea triloba*）（图5），也称三裂叶薯，常逸生在丘陵路旁、荒草地等，其花明显偏小，冠檐裂片短而钝，多少具棱角。

图4　圆叶牵牛

图5　三裂叶薯

图6　矮牵牛

图7　山牵牛

同样有牵牛之称的还有矮牵牛（*Petunia hybrida*）（图6）与山牵牛（*Thunbergia grandiflora*）（图7）。前者属于茄科碧冬茄属，全株密被黏质柔毛，多作观赏植物；后者属于爵床科山牵牛属植物，攀援状灌木，属于园林观赏植物。山牵牛具顶生总状花序而与上述植物相别。

益母草篇

益母草 *Leonurus artemisia*

【科】唇形科 Labiatae

【属】益母草属 *Leonurus*

图1 益母草

图2 益母草轮伞花序(4个小坚果)

【主要特征】又名蓷、茺蔚、云母草等。茎直立,钝四棱形,微具槽(图1)。叶掌状3裂,裂片呈长圆状菱形至卵圆形,对生。轮伞花序,唇形花冠,每花具有4枚小坚果(图2)。花期6~9月,果期9~10月。

【分布】产于我国各地;俄罗斯、朝鲜、日本、热带亚洲、非洲,以及美洲各地有分布。

【用途】药用。

【植物诗歌】

国风·王风·中谷有蓷

中谷有蓷,暵其乾矣。
有女仳离,嘅其叹矣。
嘅其叹矣,遇人之艰难矣。
中谷有蓷,暵其脩矣。
有女仳离,条其啸矣。
条其啸矣,遇人之不淑矣。
中谷有蓷,暵其湿矣。
有女仳离,啜其泣矣。
啜其泣矣,何嗟及矣。

赏析：中谷，即谷中；蓷(tuī)，指的是益母草；暵(hàn)，干燥；脩，即修，干枯；仳(pǐ)离，别离。这是一首被离弃妇女自哀自悼的怨歌，描写饥荒之年一位遭受遗弃妇女的不幸遭遇，抒发了女子的悲伤和哀怨。诗以山谷中干枯的益母草起兴，既写了贫瘠荒凉的恶劣环境，又暗示孤寂无依的生活遭遇，还象征了女子的憔悴。诗文描写她的哀叹，其根本原因在于生活中遇到了那个不善的人。可是，她除了叹息，又能奈何呢？

【植物文化】

花语：母爱。

益母草是中药中常用的妇科药，故有"益母"之名。

益母草近缘种白花益母草(*Leonurus artemisia* var. *albiflorus*)(图3)，因花白色而容易区别。

图3　白花益母草

枸杞篇

枸　杞 *Lycium chinense*

【科】茄科 Solanaceae

【属】枸杞属 *Lycium*

【主要特征】别名枸杞红实、红青椒、枸檵、血枸子等。多分枝灌木，枝条有纵条纹，具棘刺。叶纸质，菱形，单叶互生，或2～4枚簇生。花在长枝上单生或双生于叶腋，花冠漏斗状，淡紫色（图1），花丝在近基部处密生一圈绒毛。花柱稍伸出雄蕊，上端弓弯，柱头绿色（图2）。浆果红色，长卵状（图3）。花果期6～11月。

【分布】我国东北以及西南、华中、华南和华东各省份，朝鲜、日本、欧洲有栽培或逸为野生。

【用途】根皮药用；叶翠绿，嫩叶可食；花淡紫，果实鲜红，可供观赏；种子可制保健品枸杞子油。

图1　枸　杞

图2　枸杞（具毛环的雄蕊）

【植物诗歌】

玉笈斋书事

宋·陆游

雪霁茆堂钟磬清，晨斋枸杞一杯羹。

隐书不厌千回读，大药何时九转成？

孤坐月魂寒彻骨，安眠龟息浩无声。

剩分松屑为山信，明日青城有使行。

图3　枸杞果实

赏析：雪后的草堂传来清脆的钟磬声音，早饭吃的是用枸杞熬制的羹汤；道家的书千遍万遍读不厌，九转金丹不知什么时候才能炼成？昨夜在冷月之下打坐寒气刺骨，练龟息之法得以安静入睡；将松子分作山中修道人的信物，明天青城山或有使者到来。此诗表明陆游可能信道。

【植物文化】

花语：延年益寿，喜庆瑞祥。

枸杞名始见于《诗经》。枸杞二字，在《说文解字》中分别记载为："枸，木也，可为酱。出蜀。从木句聲。杞，枸杞也，从木己聲。"明代李时珍云："枸杞棘如枸之刺，茎如杞之条，故兼名之。"

枸杞是中华民族文化中八大吉祥植物之一。古人云：吉者，福善之事；祥者，嘉庆之征。民俗文化中杞菊延年的吉祥图，画的就是枸杞与菊花。火红的枸杞是吉祥的象征，而在中国红色象征激情、喜庆、幸福。

枸杞属拉丁文"*Lycium*"来源于希腊语"lykion"，指的是一种多刺植物，该植物发现于土耳其西北部的古老城市吕底亚（Lycia）。枸杞的英文名"Wolfberry"，其来源并不十分明确。可能因其属名*Lycium*的混淆音与Lycos类似，而Lycos有Wolf的意思，所以被叫做Wolfberry。

曼陀罗篇

木本曼陀罗 *Brugmansia aurea*

图1 木本曼陀罗

【科】茄科 Solanaceae

【属】曼陀罗属 *Brugmansia*

【主要特征】别名彼岸花、枫茄花、万桃花、洋金花、醉心花等。小乔木，茎粗。叶大，卵状心形，顶端渐尖，嫩枝和叶两面均要被柔毛，花白色，喇叭状下垂（图1），花期6～10月。浆果状蒴果，表面平滑，广卵状，果期7～11月。

【分布】原产于美洲热带，我国华南地区常见栽培。

【用途】园林观赏。

【植物诗歌】

曼陀罗花

宋·陈与义

我圃殊不俗，翠蕤敷玉房。秋风不敢吹，谓是天上香。

烟迷金钱梦，露醉木蕖妆。同时不同调，晓月照低昂。

赏析：这首诗描绘的景象是：诗人园圃里面曼陀罗花盛开，与别的花卉迥异，其玉一般的子房中抽出洁白的花蕊，犹如翠羽，花香浓艳，秋风吹不散，如天界之花；在拂晓时分，薄雾如烟，花香让人产生幻觉；露水让木芙蓉花含羞低垂，然而曼陀罗花却在清晨绽开。全诗体现了曼陀罗花不同的境界，格调高雅。人或许也要像曼陀罗花这样，不随波沉浮，要秉持自己的独有品质。诗人托物言志，借赞誉曼陀罗之机来表述自己的高洁心迹。

【植物文化】

花语：天上开的花，白色而柔软，见此花者，恶自去除。

曼陀罗原产于印度，后引进中国，记载最早见于佛教梵文译文，是佛经中描绘的天界之花，为《法华经》中的四花之一。曼陀罗花美丽妖娆，但曼陀罗属于有毒植物，其花香有致幻的效果，华佗发明的麻沸散的主要有效成分就是曼陀罗。《本草纲目》中对曼陀罗花记载："相传此花，笑采酿酒饮，令人笑；舞采酿酒饮，令人舞。予尝试此，饮须半酣，更令一人或笑或舞引之，乃验也。"饮用曼陀罗花汁液后，情迷意乱，古代蒙汗药就有此成分，因此曼陀罗花又被称为情花。

除了白色的外，本属还有黄花木本曼陀罗(图2)。

图2　黄花木本曼陀罗

泡桐篇

泡　桐 *Paulownia tomentosa*

【科】玄参科 Scrophulariaceae

【属】泡桐属 *Paulownia*

【主要特征】又叫皇后树、紫花树。高大乔木。单叶，对生，叶卵形，具长柄，柄上有绒毛。花大，白色或淡紫色，顶生圆锥花序，由多数聚伞花序复合而成(图1)。花萼钟状或盘状，肥厚，5深裂，裂片不等大。花冠钟形或漏斗形，上唇2裂、反卷，下唇3裂，直伸或微卷。雄蕊4枚，2长2短，雌蕊1枚，花柱细长。蒴果卵形或椭圆形，熟后背缝开裂。种子长圆形，小而轻，两侧具有条纹的翅。花期3~4月，果期7~8月。

【分布】在我国北起辽宁南部、北京、延安一线，南至广东、广西，东起台湾，西至云南、贵州、四川都有分布；老挝北部也有分布，朝鲜、日本、阿根廷、美国南部、巴西、巴拉圭有引种栽培。

【用途】根药用，祛风，解毒，消肿，止痛。

图1　泡　桐

【植物诗歌】

崇安分水道中

宋·方士繇

溪流清浅路横斜，日暮牛羊自识家。

梅叶阴阴桃李尽，春光已到白桐花。

赏析：崇安，今武夷山。泡桐与梅花一样，均先花后叶，梅花、李花开后，白花泡桐正开，春意正浓。待紫花泡桐花落，则春光已老。正如宋代徐逸的“谁与深春共憔悴，隔江一树紫桐花”，看到紫花泡桐花落，便开始伤春了。

【植物文化】

图2 油 桐

图3 白花泡桐

花语：永恒的守候，期待你的爱。

泡桐原产于我国，有3 000多年悠久的栽培史。古代典籍中的桐木有多种，主要是梧桐、泡桐和油桐。《齐民要术》中记载，实而皮青者为梧桐，华而不实者为白桐。白桐冬结似子者乃明年之华（花）房，非子也；冈桐即油桐（*Vernicia fordii*）也，子大有油（图2）。白桐即白花泡桐（图3）也，叶大径尺，最易生长，皮色粗白，其木轻、虚，不生虫蛀，作器物、房柱甚良，二月开花，如牵牛花。

《诗经·鄘风·定之方中》云：“树之榛栗，椅桐梓漆，爰伐琴瑟。”鄘属古代卫地，中心区域在今河南鹤壁。我国栽培的主要泡桐的分布中心在河南省东部平原地区和山东省西南部。

清代方以智《物理小识》云：“琴用白桐，乃泡桐也。”又云：“琴取泡桐，虚木有声，又削之而不毛。”古人制琴，以泡桐属的木材做面板，梓树属的木材做背板，故云“桐天梓地”。

栀子花篇

栀　子 *Gardenia jasminoides*

【科】茜草科 Rubiaceae

【属】栀子花属 *Gardenia*

图1　栀子花

【主要特征】别称山栀花、林兰、木丹、越桃、玉荷花等。低矮灌木，小枝绿色。单叶对生或三叶轮生，倒卵状长椭圆形，革质。花单生枝顶或叶腋，有短梗，白色（图1），大而芳香，花冠高脚碟状，一般呈六瓣，有重瓣，萼管倒圆锥形，有纵棱，通常6裂，宿存。花丝极短，花药线形。花柱粗壮，柱头纺锤形，黄色。果实圆柱形，黄色，有5~9条翅状纵棱（图2）。花期5~6月，果期10月。

【分布】原产于我国，广为栽培。

【用途】观赏。

图2　栀子果实

【植物诗歌】

栀子花

明·李东阳

抽白媲黄总称才，谁遣山栀入画来？

似为诗家少知己，杜陵吟罢不曾开。

赏析：此诗出自被明代宗朱祁钰视为神童的李东阳之手。栀子花白色，或略带有淡淡晕黄，且香气沁人心脾，让人不胜喜爱。栀子花忽然出现在诗人眼前，花枝招展，好像能理解诗人的孤傲不群，是谁派遣它出现在诗人眼前呢？

【植物文化】

花语：坚强、永恒的爱，一生的守候。

栀子花是温州市、内江市、岳阳市、常德市市花。栀子花虽然没有牡丹的娇艳，却不失荷花的妩媚，宛如小家碧玉般清秀隽永。因栀子多在夜里盛开，沾了月的灵气，所以给人冰清玉洁的感觉。《酉阳杂俎·木篇》载："陶真白言，栀子剪花六出，刻房七道，其花香甚。相传即西域瞻卜花也。"宋朝舒岳祥有诗为赞："六出台成一寸心，银盘里许贮金簪。月中不著蝇点璧，春过翻疑蝶满林。陆地水光山院静，炎天冰片石坛深。扬州只说琼花好，漠漠风水何处寻。"

相传栀子花是天上七仙女之一，她憧憬人间的美丽，就下凡变为一棵花树。一位年轻的农民，在田埂边看到了这棵小树，就移回家，对她百般呵护，于是小树生机盎然，开了许多洁白花朵。为了报答主人的恩情，她白天为主人洗衣做饭，晚间香飘院外。老百姓知道了，从此就家家户户都养起了栀子花。

栀子花属还有小花栀子（*Gardenia jasminoides* cv. *prostrata*）（图3），与栀子花相比，该物种叶明显狭小，且在香味上没有栀子花浓郁。

图3　小花栀子

茉莉花篇

茉　莉 *Jasminum sambac*

图1　茉莉花

【科】木樨科 Oleaceae

【属】素馨属 *Jasminum*

【主要特征】直立或攀援灌木。小枝圆柱形或稍压扁状。单叶对生。聚伞花序顶生，通常有花3朵，花冠白色，极芳香(图1)。苞片微小，锥形。果球形。花期5～8月，果期7～9月。

【分布】我国江南地区以及西部地区；印度、阿拉伯一带有分布，中心产区在波斯湾附近；现广泛植栽于亚热带地区。

【用途】经济，药用，观赏。

【植物诗歌】

满庭芳·茉莉花

宋·柳永

环佩青衣，盈盈素靨，临风无限清幽。

出尘标格，和月最温柔。

堪爱芳怀淡雅，纵离别，未肯衔愁。

浸沉水，多情化作，杯底暗香流。

凝眸，犹记得，菱花镜里，绿鬓梢头。

胜冰雪聪明，知己谁求？

馥郁诗心长系，听古韵，一曲相酬。

歌声远，余香绕枕，吹梦下扬州。

赏析：全词文笔清妍雅丽，使人读之忘俗。虽以人拟花，实则词人隐有以花自喻之意，令人不胜向往。上片开始写花之姿容神采，"素靨青衣，临风飘逸"，以人拟物，如在眼前。再写花之气质骨格，清新孤傲，在月光下更显温柔。接着写花之胸怀气度，任清风吹落，素手采摘，随遇而安。后写落后遗芳，枝头别后而芳魂犹在，一缕情思，化做茶香，沁人心脾。下片两句借花伤怀，只有玉人，才配得起此等冰清玉洁。而如今天涯沦落，玉人安在？再借花言诗，听古韵，识知音。歌声渐远，余梦悠长，抒发人生快意。

【植物文化】

花语：忠贞、尊敬、清纯、贞洁、质朴、玲珑、迷人。

茉莉花是菲律宾国花。茉莉花早在汉代就从亚洲西南传入中国。许多国家将茉莉花作为爱情之花，青年男女之间，互送茉莉花以表达坚贞爱情。它也作友谊之花，在人们中间传递。把茉莉花环套在客人颈上使之垂到胸前，表示尊敬与友好，成为一种热情好客的礼节。

车前篇

车　前 *Plantago asiatica*

图1　车　前

图2　车前花序

【科】车前科 Plantaginaceae

【属】车前属 *Plantago*

【主要特征】又名车前草、芣苢等。二年生或多年生草本。叶基生莲座状(图1)。穗状花序细圆柱状,直立,花冠白色,雄蕊着生于冠筒内面近基部,与花柱明显外伸,花药卵状椭圆形(图2)。花期4~8月,果期6~9月。

【分布】我国多省份盛产,朝鲜、俄罗斯(远东)、日本、尼泊尔、马来西亚、印度尼西亚也有分布。

【用途】全草药用,具有利尿、清热、明目、祛痰作用;幼苗食用。

【植物诗歌】

国风·周南·芣苢(fú yǐ)

采采芣苢,薄言采之。

采采芣苢,薄言有之。

采采芣苢,薄言掇之。

采采芣苢,薄言捋之。

采采芣苢,薄言袺之。

采采芣苢,薄言襭之。

赏析：这是周代人们采集芣苢时所唱的歌谣。鲜艳繁盛的芣苢呀，采呀采呀采起来。鲜艳繁盛的芣苢呀，采呀采呀采得来。鲜艳繁盛的芣苢呀，一片一片摘下来。鲜艳繁盛的芣苢呀，一把一把捋下来。鲜艳繁盛的芣苢呀，提起衣襟兜起来。鲜艳繁盛的芣苢呀，掖起衣襟兜回来。诗歌将人们呼朋结伴、边采边唱、满载而归的场景生动地呈现出来。

【植物文化】

花语：留下足迹。

芣苢多认为是车前草，其穗状花序结籽特别多，可能与当时的多子信仰有关。这种说法与《山海经》《逸周书·王会》以及《说文解字》相矛盾，但得到郭璞、王基等人的支持。近现代学者如闻一多、宋湛庆、游修龄等则认为芣苢是薏苡（*Coix lacryma-jobi*）（图3），可以人工栽培，其果实去壳后即薏仁米。

本属常见分布的还有北美车前（*Plantago virginica*），属于外来植物，原产于北美，全身多毛（图4）。另外，还有中文名相似的水车前（*Ottelia alismoides*）（图5），其实属于水鳖科水车前属植物，常年水生。

图3　薏　苡

图4　北美车前

图5　水车前

琼花篇

琼　花 *Viburnum macrocephalum* f. *keteleeri*

图1　琼　花

图2　琼花中间可育花

【科】忍冬科 Caprifoliaceae

【属】荚蒾属 *Viburnum*

【主要特征】别称聚八仙、蝴蝶花。绣球荚蒾(*Viburnum macrocephalum*)的变种,落叶或半常绿灌木。叶纸质,卵状椭圆形或卵状矩圆形,基部圆或偶有微心形,侧脉5~6对。复伞性花序外围有大型的白色不孕花(图1),中间为两性小花(图2),可育。果实先红后黑(图3),椭球形,核扁。花期4~5月,果熟期9~10月。

【分布】产于华东地区,生于丘陵或林下灌丛;庭园常有栽培。

【用途】主供观赏;可解毒止痒,药用。

【植物诗歌】

后土庙琼花诗

宋·王禹偁

谁移琪树下仙乡,二月轻冰八月霜。

若使寿阳公主在,自当羞见落梅妆。

赏析:这是描述扬州琼花的最早诗词。诗作说扬州后土庙的琼花,如同神仙从天宫移栽下来,洁白无瑕,犹如二月的冰雪那么皎洁,好像秋天的霜花那么晶莹,倘若寿阳公主还健在的话,一定不会再用落梅来装饰,肯定会选用琼花的啊。诗人用平易朴素的诗句,运用典故和比喻来衬托,寥寥几句,就把琼花的仙姿和娇媚描述得惟妙惟肖,令人心生向往。

图3 琼花果实

图4 绣球荚蒾

【植物文化】

花语：美丽、浪漫，象征完美的爱情。

琼花最早为“琼华”，见于《国风·齐风·著》：“俟我于著乎而，充耳以素乎而，尚之以琼华乎而。”琼花是中国特有的名花，自古以来就有“维扬一株花，四海无同类”的美誉。它以淡雅的风姿和独特的风韵，以及种种富有传奇浪漫色彩的传说和逸闻逸事，博得了世人的厚爱和文人墨客的不绝赞赏，被称为“稀世的奇花异卉”和“中国独特的仙花”。据记载，汉代扬州城东曾有一株琼花，当时有人特为之建“琼花观”。南北朝刘孝威曾有诗云：“香缨麝带缝金缕，琼花玉胜缀珠徽。”

琼花还是扬州市花，昆山三宝之一。目前广为栽培的有琼花、绣球荚蒾（图4）、雪球荚蒾（*Viburnum plicatum*）（图5，图6）等种。前者周边八朵为萼片发育成的不孕花，中间为两性小花；后两者均为不孕花，但前者叶渐尖，侧脉5～6对，后者叶略圆钝，侧脉8～16对，且叶脉明显下陷而易区别。古诗文中多指绣球荚蒾，如宋代胡仲弓的《琼花》：“洁白全无一点瑕，玉皇敕赐上皇家。花神不敢轻分拆，天下应无第二花。”

图5 雪球荚蒾

图6 雪球荚蒾（叶脉）

金银花篇

金银花 *Lonicera japonica*

图1 金银花

【科】忍冬科 Caprifoliaceae

【属】忍冬属 *Lonicera*

【主要特征】多年生半常绿缠绕及匍匐茎的灌木。藤为褐色至赤褐色。卵形叶子对生,枝叶均密生柔毛和腺毛。花成对生于叶腋,花色初为白色,渐变为黄色(图1),球形浆果,熟时黑色(图2)。花期4~8月,果熟期10~11月。

【分布】我国各省份均有分布,朝鲜和日本也有,在北美洲逸生成为难除的杂草。

【用途】药用,观赏。

图2　金银花果实

图3　金银木花

图4　金银木果

【植物诗歌】

金银花

清·蔡淳

金银赚尽世人忙，花发金银满架香。

蜂蝶纷纷成队过，始知物态也炎凉。

赏析：诗作借金银花的颜色、形态以及蜂蝶来去匆匆等意象，抒发了作者对追名逐利世态的愤懑之情，表达出一种视名利为过眼云烟、淡泊宁静的处世心境。

【植物文化】

金银花代表诚实的爱、奉献的爱、不变的爱和真爱。金银花，学名“忍冬”。花开初为白色，一二日后转为黄色，能在一花当中同时出现“金银二色”，故《本草纲目》记载为金银花；又因为一蒂二花，两条花蕊探在外，成双成对，形影不离，状如雄雌相伴，又似鸳鸯对舞，故《花境》称之为鸳鸯藤。

堪称金银花姐妹种的为金银木（*Lonicera maackii*）（图3，图4），该物种因为是高大直立灌木而与攀援小藤本的金银花明显区别。

锦带花篇

锦带花 *Weigela florida*

图1 锦带花

【科】忍冬科 Caprifoliaceae

【属】锦带花属 *Weigela*

【主要特征】又名五色海棠、山脂麻。落叶灌木，幼枝稍四方形。芽顶端尖，常光滑。叶矩圆形、椭圆形至倒卵状椭圆形。花单生或成聚伞花序生于侧生短枝的叶腋或枝顶(图1)。萼筒长圆柱形。花冠紫红色或玫瑰红色，花丝短于花冠，花药黄色。花期4～6月。

【分布】我国分布于华北、华东地区，俄罗斯、朝鲜和日本也有。

【用途】适宜庭院墙隅、湖畔群植；可作篱笆，供观赏。

【植物诗歌】

锦带花

宋·范成大

妍红棠棣妆，弱绿蔷薇枝；小风一再来，飘飖随舞衣。

吴下妩芳槛，峡中满荒陂；佳人堕空谷，皎皎白驹诗。

赏析：棠棣，蔷薇科樱属落叶灌木；吴下，泛指吴地，即长江下游江东一带。锦带花美丽妖娆，比棠棣花还娇媚嫣红，树枝柔弱，比蔷薇花枝稍微淡绿，清风徐来，犹如美人，随风起舞，异常美丽。锦带花在江浙一带作为人家的篱笆栏杆，山谷中也常见，像《诗经》里面的“皎皎白驹”，冰清玉洁，却自开自落，空自凋零。最后用《诗经》的“皎皎白驹”诗的典故，用双关的手法说明有才不能施展，只好隐居山谷、独善其身的心志。

【植物文化】

花语：前程似锦、绚烂和美丽。

锦带花的原产地在我国，枝长花茂，宛如锦带。由于杂交，有百余园艺类型和品种，如红王子锦带花（*Weigela florida* ‘Red Prince’）。红王子锦带花1982年从美国引种，花朵绽放集中在每年的5～7月，花团锦簇，鲜艳欲滴，非常美丽。常见的还有美丽锦带花（图2），花初开时白色，后变淡红色，花期5～6月。

图2　美丽锦带花

菊花篇

菊　花 *Dendranthema morifolium*

【科】菊科 Compositae

【属】菊属 *Dendranthema*

【主要特征】多年生宿根草本植物。茎直立。叶互生，头状花序(图1)。总苞片多层，形状因品种而有单瓣、平瓣、匙瓣等多种类型，当中为管状花，常全部特化成各式舌状花(图2，图3，图4)。花期9～11月。

【分布】公元8世纪前后，作为观赏的菊花由中国传至日本；17世纪末荷兰商人将中国菊花引入欧洲，18世纪传入法国，19世纪中期引入北美，此后中国菊花遍及全球。

【用途】药用，观赏。

图1　菊　花

图2　大丽菊

图3　百日菊

【植物诗歌】

饮　酒

东晋·陶渊明

结庐在人境，而无车马喧。

问君何能尔？心远地自偏。

采菊东篱下，悠然见南山。

山气日夕佳，飞鸟相与还。

此中有真意，欲辨已忘言。

赏析：全诗的宗旨是复归自然。开篇诗人交代自己的住所虽然建造在人来人往的环境中，却听不到车马的喧闹。诗中"心远"便是对争名夺利的世界隔离与冷漠的态度，所居之处由此而变得僻静了。诗人在自己的庭园中随意地采摘菊花，偶然间抬起头来，目光恰与南山（陶之居所南面的庐山）相会。日暮的岚气，若有若无，浮绕于峰际。成群的鸟儿，结伴而飞，归向山林。这里可以领悟到生命的真谛，可是刚要表达，却已经找不到合适的语言。

图4　姬小菊

图5 万寿菊

图6 蒲公英

【植物文化】

菊花花语：清净、高洁、真情。

中国十大名花中菊花名列第三，花中四君子（梅、兰、竹、菊）之一，也是世界四大切花（菊花、月季、康乃馨、唐菖蒲）之一，产量居首。因菊花具有清寒傲霜的品格，才有陶渊明的"采菊东篱下，悠然见南山"的名句。此处的菊花未必是欣赏用的菊花，可能指菊科有食用或药用价值的小草本。中国人有重阳节赏菊和饮菊花酒的习俗。唐孟浩然《过故人庄》："待到重阳日，还来就菊花。"在古代神话传说中，菊花还被赋予了吉祥、长寿的含义。

菊科是最进化的科，是因为萼片变态为冠毛，有利于果实传播；部分种类有块茎、块根、匍匐茎或根状茎，有利于营养繁殖；花序（头状）及花的构造（舌状花招引昆虫传粉，中间集中大量盘花，以及聚药雄蕊都增加了授粉率和结实率）；多为异花传粉（雄蕊先于雌蕊成熟），只有在特殊情况下或得不到昆虫传粉时，才进行自花传粉。

由于菊科植物具有上述特殊的生物学特性，才使该科不仅属种数，以及个体数最多，而且分布最广。常见的菊花有：大丽菊（*Dahlia pinnata*）（图2）、百日菊（*Zinnia elegans*）（图3）、姬小菊（*Brachyscome angustifolia*）（图4）、万寿菊（*Tagetes erecta*）（图5）、蒲公英（*Taraxacum mongolicum*）（图6）。

向日葵篇

向日葵 *Helianthus annuus*

图1　向日葵

图2　向日葵果盘

【科】菊科 Compositae

【属】向日葵属 *Helianthus*

【主要特征】一年生草本植物(图1)。茎直立,圆形多棱角,质硬被白色粗硬毛。广卵形叶片互生,基出3脉。头状花序,直径10～30 cm,单生于茎顶或枝端。总苞片多层,覆瓦状排列。夏季开花,花序边缘生中性的黄色舌状花,不结实。花序中部为两性管状花,棕色或紫色,能结实。矩卵形瘦果,称葵花籽(图2,图3)。花果期7～10月。

【分布】原产于墨西哥和秘鲁,世界各地均有栽培。

【用途】食用,观赏。

【植物诗歌】

客中初夏

宋·司马光

四月清和雨乍晴,南山当户转分明。

更无柳絮因风起,惟有葵花向日倾。

赏析:初夏四月,天气清明和暖,下过一场雨,天刚放晴,雨后的山色更加明媚且青翠怡人,正对门的南山变得明净如洗。眼前没有随风飘扬的柳絮,只有葵花坚定地朝着太阳开放。这首诗是诗人自咏,借花明志,歌咏自己的人品。

图3 向日葵管状花和瘦果

【植物文化】

花语：太阳，沉默的爱、爱慕。

向日葵约在明朝时引入我国，最早记载向日葵的文献为明代王象晋所著《群芳谱》。该书中尚无“向日葵”名词，只在“花谱三菊”中附“丈菊”，“丈菊，一名本番菊，一名迎阳花，茎长丈余，秆坚粗如竹，叶类麻，多直生，虽有分枝，只生一花大如盘盂，单瓣色黄，心皆作窠如蜂房状，至秋渐紫黑而坚，取其子种之，甚易生，花有毒，能堕胎”，此花即向日葵。

慈姑篇

弯喙慈姑 *Sagittaria latifolia*

【科】泽泻科 Alismataceae

【属】慈姑属 *Sagittaria*

【主要特征】又称剪刀草、燕尾草。多年生挺水植物。根部附近生出纤细匍匐枝，秋后枝端膨大呈球茎。叶丛生，叶片剪刀形，叶基部左右两侧的裂片长度超过中央片(图1)。花葶直立，花序总状或圆锥状，具花多轮，每轮2~3花。花单性，白色(图2)。瘦果斜倒卵形。花果期7~9月(图3)。

【分布】产于东北、华北、西北、华东、华南、西南等地。

【用途】叶形奇特，适应能力强，宜做水边、岸边的绿化材料；可作为盆栽观赏；食用。

图1 弯喙慈姑

图2 弯喙慈姑花

图3 弯喙慈姑果实

【植物诗歌】

江南行

唐·张潮

茨菰叶烂别西湾，莲子花开犹未还。

妾梦不离江水上，人传郎在凤凰山。

赏析：这首诗主要写的是离情别绪，表达的是女子对丈夫的思念。诗中“茨菰”即慈姑，和莲子是江南极常见植物，茨菰叶烂在初冬，莲子花开在夏天，诗人用两种水生植物生长过程某个阶段的特点来说明离人别去未归的时间，情在景中，意在言外。慈姑叶像剪刀，有《茨菰花》(宋·董嗣杲)为证：剪刀叶上两枝芳，柔弱难胜带露妆。翠管嫩粘琼糁重，野泉情心玉蕤凉。春成臼粉资秋实，种入盆池想水乡。小小沧洲归眼底，幽研自觉成炎光。

【植物文化】

花语：幸福、纯洁，象征“圣法虔诚，永结同心，吉祥如意”。在欧美国家，慈姑是新娘捧花的常用花。

据《本草纲目》记载：慈姑，又称“借菇、藉菇、水萍、白地栗、剪刀草”，因其“岁产十二子，似慈母之乳诸子，故名”。弯喙慈姑的花瓣白色，果具有弯或反曲的喙；与本种极易相似的有华夏慈姑(*Sagittaria trifolia* var. *sinensis*)(图4)，后者花瓣基部常为紫色，果实具有直而短的喙而相区别。另外，还有植株明显矮小，叶条形(前两者叶三角状剑形)的为矮慈姑(*Sagittaria pygmaea*)(图5)。

图4 华夏慈姑

图5 矮慈姑

竹　篇

毛　竹 *Phyllostachys heterocycla*

【科】禾本科 Gramineae

【属】刚竹属 *Phyllostachys*

图1　毛　竹

【主要特征】单轴散生型常绿乔木状竹类植物(图1)。竿环不明显,末级小枝2～4叶。叶片披针形。小穗仅有1朵小花,柱头羽毛状。颖果长椭圆形。4月笋期。

【分布】自秦岭、汉水流域至长江流域以南和台湾省均有分布;1737年引入日本栽培,后又引至欧美各国。

【用途】材用,食用,药用,观赏,饲用,环保等。

【植物诗歌】

竹里馆

唐·王维

独坐幽篁里,弹琴复长啸。

深林人不知,明月来相照。

赏析:诗人静坐在幽深的竹林,借弹琴和长啸来抒发自己的情感。幽篁,即幽深的竹林;自己的内心世界没有人能理解,只有对着明月抒怀。此诗写隐者的闲适生活以及情趣,传达出诗人宁静、淡泊的心情,表现了清幽宁静、高雅绝俗的境界。

【植物文化】

竹常与松、梅共植,被誉为"岁寒三友"。

古往今来,多少诗人为竹赞不绝口:苏东坡"宁可食无肉,不可居无竹";郑板桥赞之"咬定青山不放松,立根原在破岩中。千磨万击还坚韧,任你西南东北风";还有人大声疾呼"玉可碎不可毁其白,竹可焚不能毁其节",表现了竹子高风亮节的形象。

禾本科竹亚科短穗竹(*Brachystachyum densiflorum*)(图2),是我国特产竹类,现已列入国家三级重点保护野生植物。

图2 开花的短穗竹

水稻篇

水　稻 *Oryza sativa*

图1　水　稻

【科】禾本科 Gramineae

【属】稻属 *Oryza*

【主要特征】一年生草本植物。秆直立。叶片线状披针形，叶舌披针形，具2枚镰形抱茎的叶耳，两侧基部下延长成叶鞘边缘，粗糙（图1）。圆锥花序大型疏展，颖果（图2）。花果期6～10月。

【分布】全球分布。

【用途】主要粮食作物，还可造酒和入药等。

【植物诗歌】

西江月·夜行黄沙道中

宋·辛弃疾

明月别枝惊鹊，清风半夜鸣蝉。

稻花香里说丰年，听取蛙声一片。

七八个星天外，两三点雨山前。

旧时茅店社林边，路转溪桥忽见。

赏析：1181年（宋孝宗淳熙八年），辛弃疾因受奸臣排挤，被免罢官，回到上饶居住，并在此生活了近十五年。这首词是辛弃疾中年时经过江西上饶黄沙岭道时写的一首词。前两句“明月别枝惊鹊，清风半夜鸣蝉”，表面看来写的是风、月、蝉、鹊这些极其平常的景物，然而经过作者巧妙的组合，结果平常中就显得不平常了。鹊儿的惊飞不定，不是盘旋在一般树头，而是飞绕在横斜突兀的枝干之上。因为月光明亮，所以鹊儿被惊醒了。而鹊儿惊飞，自然也就会引起“别枝”摇曳。同时，知了的鸣叫声伴随着清风徐来。“惊鹊”和“鸣蝉”两句动中寓静，把半夜“清风”“明月”下的景色描绘得令人悠然神往。接下来“稻花香里说丰年，听取蛙声一片”，把人们的关注点从长空转移到田野，表现了词人不仅为夜间黄沙道上的柔和情趣所浸润，更关心扑面而来的漫村遍野的稻花香，又由稻花香而联想到即将到来的丰年景象。此时此地，词人与人民同呼吸的欢乐，尽在言外。稻花飘香的“香”，固然是描绘稻花盛开，也是表达词人心头的甜蜜之感。在词人的感觉里，俨然听到群蛙在稻田中齐声喧嚷，争说丰年，先出“说”的内容，再补“声”的来源。以蛙声说丰年，是词人的创造。

图2　水稻花

【植物文化】

水稻是人类历史上重要的粮食作物之一，五谷之一，耕种与食用历史悠久。现今全世界有一半以上的人口食用稻米，其主要分布在亚洲、欧洲南部和热带美洲及非洲部分地区。虽然水稻的总产量低于玉米和小麦，只占世界粮食作物产量的第三位，但它养活了无数人。

回溯历史，稻米很早就被中国人所食用。据考古工作者的发掘，在黄河、长江流域的新石器遗址中发现大量炭化了的水稻种子与叶子。1973年在浙江河姆渡遗址，发现了大量动植物遗物和木结构建筑遗迹，在遗迹里还发现了色泽如新的稻谷及稻谷壳等，有的外形完好，甚至连稻谷壳上的隆脉、稃毛都清晰可见。其数量之大，保存之完好，不仅堪称全国第一，就是在世界各地所发现的史前遗址中，也极其罕见。经考古论证得出结论，中国是水稻的发源地毋庸置疑。

如今的杂交水稻盛行，我国科学家袁隆平致力于杂交水稻的研究，被称为“杂交水稻之父”。

麦子篇

小　麦 *Triticum aestivum*

图1　小　麦

【科】禾本科 Gramineae

【属】小麦属 *Triticum*

【主要特征】一年生或二年生草本植物(图1)。茎秆中空,有节。叶长披针形。穗状花序称“麦穗”(图2),小穗两侧扁平,有芒。颖果即麦粒。

【分布】全球分布。

【用途】食用,小麦颖果磨成面粉后可制作面包、馒头、饼干、面条等;发酵后可制成啤酒、酒精、白酒等。小麦富含淀粉、蛋白质、脂肪、维生素A及维生素C等。

图2 小麦复穗状花序

【植物诗歌】

麦秀歌

麦秀渐渐兮，禾黍油油。

彼狡童兮，不与我好兮。

赏析：这首诗意思是麦子吐穗，竖起尖尖麦芒，鲜润光泽，庄稼也茁壮生长。那个顽劣的浑小子啊，不愿意同我友好交往。麦秀：指麦子秀发而未实。渐渐，《古乐府》卷九作“蔪(jiān)蔪”。狡童：美少年，这里是贬称，后借指昏乱的国君。《麦秀歌》表达了作者对殷纣王不听劝谏反而加害忠良的悲戚、愤懑心情。麦子吐穗，禾黍茁壮，本是一番喜人的丰收景象。然而，对于亡国之人，感念故国的覆灭，心头自别有一种滋味。“彼狡童兮，不与我好兮！”暴虐的纣王拒绝箕子的忠谏，致使殷商亡国，这悲恸永远成为诗人心头的创伤。

【植物文化】

花语：赞同，合作。

小麦是新石器时代人类对其野生祖先进行驯化的产物，栽培历史已有1万年以上。中亚的广大地区，曾在史前原始社会居民点上发掘出许多残留的实物，其中包括野生和栽培的小麦小穗、籽粒，炭化麦粒。其后，从西亚一带传入欧洲和非洲，并东向印度、阿富汗、中国传播。公元前6 000年在巴基斯坦，公元前6 000年至前5 000年在欧洲的希腊和西班牙，公元前2 000年在中国都已先后种植小麦。中国的小麦是由黄河中游逐渐扩展到长江以南各地，并传入朝鲜、日本。

《周颂·清庙·思文》有“贻我来牟”句，“来牟”亦作“麳麰”(lái móu)，即小麦。此后古文献中，将小麦简称为麦，其他麦类则于“麦”前冠以“大”“穬”(kuàng)等字，以与小麦相别。根据《诗经》中提及的“麦”所代表的地区，说明公元前6世纪，黄河中下游已普遍栽培小麦。

玉米篇

玉　米 *Zea mays*

【科】禾本科 Gramineae

【属】玉蜀黍属 *Zea*

【主要特征】别名玉蜀黍、包谷、苞米，辽宁话称珍珠粒，潮州话称薏米仁，粤语称为粟米。玉米是一年生雌雄同株异花授粉植物。秆直立，基部具气生支柱根（图1）。叶片线状披针形。顶生雄性圆锥花序（图2）。雌花序被多数宽大的鞘状苞片所包藏，雌蕊具极长而细弱的线形花柱（图3）。颖果球形或扁球形（图4）。花果期秋季。

【分布】原产于中南美洲，现世界各地广有栽培，主要分布在30°~50°的纬度；我国东北、华北、华东和西南山区主产。

【用途】重要谷物。

图1　玉　米

【植物诗歌】

感　怀

宋·杨公远

桂薪玉米转煎熬，口体区区不胜劳。

今日难谋明日计，老年徒羡少年豪。

皮肤剥落诗方熟，鬓发沧浪画愈高。

自雇一寒成感慨，有谁能肯解绨袍。

赏析：桂薪，意指桂木之柴，或比奢靡。诗作借物喻人：老年迟暮，怎么辛勤劳动，也比不上青年，度日弥艰，年事已老，谁能慷慨解囊？表达了老年凄凉之意。本诗中虽有“玉米”二字，但解读成现在的玉米实为错误说法，可能就是指晶莹剔透的白米。其实，玉米最早是在南美种植，明朝后期传入我国宁夏地区，清朝中晚期才在全国广泛种植。

图2　玉米雄花序

图3　玉米雌花序

图4　玉　米

【植物文化】

有一种说法：欧洲文明是小麦文明，亚洲文明是稻米文明，拉丁美洲文明则是玉米文明。玉米是起源于墨西哥的野生黍类，经过逐渐培育，大约在距今4 000年前，中美洲的古印第安人已经开始种植玉米。考古学家已经在普埃布拉州特瓦坎谷地发现了公元前7 000年至公元1540年之间玉米文化的遗迹，表明古印第安人如何在狩猎活动日渐稀少的同时，逐渐开始采摘野果并过渡到人工种植玉米的过程。对墨西哥人来说，玉米绝不仅仅是食物，而是神物，是千百年来宗教中崇拜的对象。

高粱篇

高　梁 *Sorghum bicolor*

【科】禾本科 Gramineae

【属】高粱属 *Sorghum*

【主要特征】又名蜀黍、桃黍、木稷、荻粱、乌禾等。一年生栽培作物。秆较粗壮，直立，基部节上具支撑根（图1）。叶鞘无毛或稍有白粉。叶舌硬膜质，先端圆，边缘有纤毛。圆锥花序疏松（图2），主轴裸露，颖果两面平凸。花果期6～10月。

【分布】我国栽培较广，东北各地最多。

【用途】秆可制糖浆或生食；穗可制笤帚；嫩叶可作饲料；颖果能入药，能燥湿祛痰，宁心安神。

图1　高　粱

图2　高粱花序

【植物诗歌】

遇　雨

宋·孔平仲

客行日暮饥且渴，况值漫山雨未绝。

蜀黍林中气惨淡，黄牛冈头路曲折。

狂风乱掣纸伞飞，瘦马屡拜油裳裂。

记得默斋端坐时，惟爱雾霈洗烦热。

赏析：这首诗主要描述诗人在日暮时分，适逢大雨，路旁的高粱被风雨吹打得七零八乱，岗头山路曲折，油纸伞也被风撕裂。天气虽然恶劣，连马都蹄滑难行，唯独欣喜的是滂沱大雨洗去身上的燥热。诗中的"蜀黍"就是高粱。

【植物文化】

高粱寓意出人头地。

在5 000年前，东非埃塞俄比亚地区的一种野草，虽能充饥，但口感不好，随后逐渐驯化。阿拉伯人从沿海一带将种子带入印度，被广泛种植，后又传入中国。高粱在宋朝已经广为栽培。蜀黍因为种子来源于蜀，形状似黍，故名。在万历年间（1573—1620年），徐光启在《农政全书》中写道："其黏者近秫，顾借名为秫。一名芦穄、一名芦粟、一名高粱。"

黍　篇

黍 *Panicum miliaceum*

【科】禾本科 Gramineae

【属】黍属 *Panicum*

【主要特征】亦称“稷”“糜(méi)子”。一年生草本植物(图1),叶子线形,子实淡黄色,去皮后叫黄米,煮熟后有黏性。

【分布】我国西北、华北、西南、东北、华南,以及华东等地山区有栽培,新疆偶有野生。

【用途】重要的粮食作物,可酿酒、做糕点等。

图1　黍

【植物诗歌】

国风·王风·黍离

彼黍离离,彼稷之苗。行迈靡靡,中心摇摇。知我者谓我心忧,不知我者谓我何求。悠悠苍天!此何人哉?

彼黍离离,彼稷之穗。行迈靡靡,中心如醉。知我者谓我心忧,不知我者谓我何求。悠悠苍天!此何人哉?

彼黍离离,彼稷之实。行迈靡靡,中心如噎。知我者谓我心忧,不知我者谓我何求。悠悠苍天!此何人哉?

赏析:《王风》是十五国风之一,是东周王国境内的民歌。《黍离》是悲悼故国的代表作。诗人目睹昔日辉煌的宗庙宫室长满了黍稷,一个人踽踽独行。黍稷之苗本无情意,但在诗人眼中,却是勾起无限愁思的引子,于是他缓步行走在荒凉的小路上,不禁心旌摇摇,充满怅惘,发出今不如昔的感慨。

【植物文化】

黍是五谷之一,秦汉以前中国最重要的粮食植物。许慎《说文》云:黍可为酒,从禾入水为意也。魏子才《六书精蕴》云:禾下从氽,象细粒散垂之形。胜之云:黍者暑也。待暑而生,暑后乃成也。

粟　篇

粟 *Setaria italica*

图1　粟

【科】禾本科 Compositae

【属】狗尾草属 *Setaria*

【特征】俗称小米，中国古称“稷”。茎细直，中空有节，叶狭披针形，平行脉。花穗顶生，总状花序，下垂，每穗结实数百至上千粒（图1），子实极小，又名谷子、小米、狗尾粟。成熟后稃壳呈白、黄、红、杏黄、褐黄或黑色。包在内外稃中的子实俗称谷子，子粒去稃壳后称为小米。

【分布】原产于我国北方黄河流域。

【用途】食用。

【植物诗歌】

悯农(其一)

唐·李绅

春种一粒粟,秋收万颗子。

四海无闲田,农夫犹饿死!

赏析:这是李绅《悯农》诗中的一首。春天是播种的季节,农民种下一粒谷子,待到收获的秋天,就可以收获千万粒的谷子。诗人的本意并不是赞美农民的劳动,而是想表达虽然农民勤劳,使普天下荒地都变成了良田,但还是会饿死,与“遍身罗绮者,不是养蚕人”有异曲同工之妙。

图2 狗尾草

【植物文化】

甲骨文“禾”即指粟。粟本是中国古人驯化发展成功的一种谷子,八千多年前黄河流域的先民成功地将狗尾草(图2)驯化成我们今天吃的小米(谷子),也就是说,现在世界各地栽培小米的野生种就生长在中国黄河流域。

狗尾草篇

狗尾草 *Setaria viridis*

图1　狗尾草

【科】禾本科 Gramineae

【属】狗尾草属 *Setaria*

【主要特征】又叫莠。一年生草本。叶片扁平，线状披针形，叶舌极短(图1)。圆锥花序紧密呈圆柱状或基部稍疏离，颖果灰白色(图2)。花果期5～10月。

【分布】我国各地。

【用途】秆、叶可作饲料，也可入药。

【植物诗歌】

诗经·小雅·大田(节选)

既方既皂，既坚既好，不稂不莠。

去其螟螣，及其蟊贼，无害我田稚。

田祖有神，秉畀炎火。

图2 狗尾草

赏析：这是周朝奴隶主在丰收后祭祀田祖（神农）的诗歌，诗中记述了农业生产的情况。禾苗开始秀穗进入灌浆期，很快籽粒坚硬开始成熟了，地里没有秕禾也没有杂草。农夫除掉食叶虫，还有那些咬根咬节的虫子，不叫害虫祸害我的嫩苗苗！祈求田祖农神发发慈悲吧，把害虫们用大火烧掉！

【植物文化】

花语：坚忍，暗恋。

李时珍曰：莠草秀而不实，故字从秀。穗形象狗尾，故俗名狗尾。狗尾草有一近缘种金色狗尾草（*Setaria glauca*）（图3），因其花序在阳光下呈金黄色而得名。狗尾草花序粗壮，金色狗尾草花序细长而易区别（图4）。

图3 金色狗尾草

图4 金色狗尾草与狗尾草

芦苇篇

芦　苇 *Phragmites australis*

【科】禾本科 Poaceae

【属】芦苇属 *Phragmites*

图1　芦　苇

图2　芦苇花序

【主要特征】多年生草本植物。根状茎十分发达。秆直立(图1),圆锥花序大型(图2)。

【分布】世界各地。

【用途】芦叶、芦花、芦茎、芦根、芦笋均可入药;芦茎、芦根可以用于造纸行业,以及生物制剂。

【植物诗歌】

国风·秦风·蒹葭

蒹葭苍苍,白露为霜。
所谓伊人,在水一方。
溯洄从之,道阻且长。
溯游从之,宛在水中央。
蒹葭萋萋,白露未晞。
所谓伊人,在水之湄。
溯洄从之,道阻且跻。
溯游从之,宛在水中坻。
蒹葭采采,白露未已。
所谓伊人,在水之涘。
溯洄从之,道阻且右。
溯游从之,宛在水中沚。

赏析：这是一首情歌，描写了男子追求爱而不及的惆怅与苦闷。清晨，河边的芦苇一望无际，深秋的露水已结成霜。河边的芦苇密密集集，清晨的露水还未干去。河边的芦苇繁茂生长，叶上的露水还未散去。男子早晨来到河边，追寻爱恋的伊人，看到的是一望无际的芦苇，但伊人始终没有出现，只知道苦苦期盼的伊人，在河水的另一边。诗作呈现的是冷寂与落寞，抒发了无奈的惆怅与苦闷之情。

图3　芦苇和荻

图4　芦苇空心茎

图5　荻实心茎

【植物文化】

蒹葭，一种说法指的就是芦苇；另一种说法是，蒹指尚未秀穗的荻(*Triarrhena sacchariflora*)，葭指尚未秀穗的芦苇。古人对芦苇和荻的解释，如《诗疏》云：苇之初生曰葭，未秀曰芦，长成曰苇。苇者，伟大也。芦者，色卢黑也。葭者，嘉美也。对荻的解释：初生名“菼”，幼小时叫“蒹”，长成后称“萑”。实际上古诗词中芦苇和荻常常不分，均泛指。芦苇和荻常常混生(图3)，外形上芦苇花序坚挺，荻花序飘拂状；芦苇茎中空(图4)，荻茎实心，中心具髓部(图5)。

图6 芦 竹　　　　图7 带白色环痕的芦竹叶片基部

芦苇与芦竹(*Arundo donax*)(图6)比较相似,后者植株高大,另外叶片间隔紧密,叶片基部有白色环痕而与前者区别(图7)。芦竹还有一栽培变种花叶芦竹(*Arundo donax* var. *versicolor*)(图8),叶子边缘呈现白色,广为园林绿化。

图8 花叶芦竹

荻 篇

荻 *Triarrhena sacchariflora*

图1 荻

【科】禾本科 Gramineae

【属】荻属 *Triarrhena*

【主要特征】多年生草本植物(图1)。匍匐根状茎,秆直立,嫩时中部具髓,老时中空。圆锥花序疏展成伞房状,小穗线状披针形,基盘具长为小穗2倍的丝状柔毛。颖果长圆形,花果期8~10月。

【分布】我国广布,日本、朝鲜、俄罗斯的西伯利亚及乌苏里也有分布。

【用途】饲料,食用,燃料。

【植物诗歌】

渔歌子·荻花秋

五代·李珣

荻花秋，潇湘夜，橘洲佳景如屏画。碧烟中，明月下，小艇垂纶初罢。

水为乡，篷作舍，鱼羹稻饭常餐也。酒盈杯，书满架，名利不将心挂。

赏析：上片写景，在潇湘的橘子洲秋夜，荻花临风（图2），美景如画；月光下的江水，柔光点点，云烟淡淡，主人公刚刚垂钓完毕，划着小艇在水上荡漾，如梦如幻。下片写人，描写词人的隐逸生活及其乐趣。他早把名利放到一边，以云水为家乡，以篷舍为住所，吃的是粗菜淡饭，杯中斟满的是美酒，架上摆满书籍，开怀惬意，其乐陶陶。

【植物文化】

荻的形象，较早见于《国风·秦风·蒹葭》（见芦苇篇）。诗中荻的摇曳婆娑与“伊人”的阿娜飘逸，水乳交融，叫人销魂。《宋史·欧阳修传》：“家贫，致以荻画地学书。”说的是北宋时期文学家和史学家欧阳修，年幼丧父，家境贫寒，他母亲决定自己教儿子，由于买不起纸笔，就拿荻草秆在地上写字，代替纸笔，这就是历史上有名的“画荻教子”的故事。描写荻的诗文名句很多，如唐代白居易的“浔阳江头夜送客，枫叶荻花秋瑟瑟”，韦庄的“朝饥山上寻蓬子，夜宿霜中卧荻花”。

图2　荻

白茅篇

白　茅 *Imperata cylindrical*

图1　白　茅

【科】禾本科 Gramineae

【属】白茅属 *Imperata*

【主要特征】多生草本植物，秆直立，高可达80 cm（图1）。秆生叶片窄线形，叶舌膜质。圆锥花序稠密（图2），颖果椭圆形，花果期4～6月。

【分布】我国广布，非洲北部、土耳其、伊拉克、伊朗、高加索及地中海区域也有分布。

【用途】顽固型杂草，根茎可入药。

【植物诗歌】

寻西山隐者不遇

唐·丘为

绝顶一茅茨，直上三十里。
扣关无僮仆，窥室唯案几。
若非巾柴车，应是钓秋水。
差池不相见，黾勉空仰止。
草色新雨中，松声晚窗里。
及兹契幽绝，自足荡心耳。
虽无宾主意，颇得清净理。
兴尽方下山，何必待之子。

赏析：茅茨，茅屋，此处茅意指白茅。作者走了三十多里，去拜访独居高山茅屋内的隐者，然而轻叩柴门，未见童仆，只看到室内的桌案和茶几。料想主人不是驾着巾柴车外出，就是到秋水碧潭去钓鱼了吧。错过了相逢时机，不免辜负了一番心意。然而草色正浓，在新雨中青翠葱绿，晚风阵阵，松涛悄入窗内。这倒是合诗人雅兴，享受这难得的清静。兴尽之后，才满意下山，何必非要和这位隐者相聚呢？

图2　白茅花序

【植物文化】

李时珍曰："茅叶如矛，故谓之茅。其根牵连，故谓之茹。"《易·泰》曰："拔茅茹，以其汇，征吉。"

白茅花序洁白，是洁净的象征，所以古代常常以白茅包裹祭品。据《左传》记载，齐桓公在公元前656年攻打楚国，其中一个原因就是因为楚国没有向齐国进贡用以祭祀的白茅。《周礼》的《春官·男巫》记载，男巫师用白茅来邀请四方的神灵。

茭白篇

菰 *Zizania caduciflora*

图1 菰花序

【科】禾本科 Gramineae

【属】菰属 *Zizania*

【主要特征】又名茭白、高瓜、菰笋、菰手等。多年生宿根挺水型水生草本。可形成肉质茎——茭白。叶片扁平，长披针形，中脉在背面凸起。圆锥花序，穗状花(图1，图2)。颖果圆柱形。花果期秋冬季节。

【分布】我国和越南有分布。

【用途】食用。

图2 菰　花

图3 茭　白

【植物诗歌】

园蔬十咏·茭白

宋·刘子翚

秋风吹折碧，削玉如芳根。

应傍鹅池发，中怀洒墨痕。

赏析：这首诗描绘了水中参——茭白的形态与习性：前两句交代了茭白的叶和肉质茎；后两句则把偏老的茭白中出现的黑斑写成“中怀洒墨痕”，极富想象力，情趣盎然。

在晚秋浅水池塘边，茭白叶如剑，又有棱，披针交错，连片生长。在水下茭草的茎节细胞迅速分裂，养分如潮，形成肥大白嫩的内质茎——茭白(图3)。茭白中心容易浸染黑粉菌的厚垣孢子而呈现黑色斑点。种茭人深知习性，水边深栽，逐年移种，则无黑心。

【植物文化】

茭白的学名叫做“菰”。《博雅》载，菰，蒋也，其米谓之胡；其嫩茎称“茭白”或“蒋”。茭白在山东被誉为三好之一(茭白、椿芽、野鸭蛋)，其果实称“菰米”“雕胡米”。爱美食的诗人有着中肯的评价：“郧国稻苗秀，楚人菰米肥”，王维的一个“肥”字，写尽其鲜润。李白也曾提到：“跪进雕胡饭，月光明素盘。”在唐代以前，茭白是“六谷”(稌、黍、稷、粱、麦、菰)之一。

棕榈篇

棕 榈 *Trachycarpus fortunei*

图1 棕 榈

【科】棕榈科 Palmae

【属】棕榈属 *Trachycarpus*

【主要特征】常绿乔木，茎干圆柱形(图1)。叶片圆扇形，掌状深裂。肉穗花序生于叶间。雌雄异株。花黄绿色，核果阔肾形(图2)，有脐，成熟时由黄色变为淡蓝色，有白粉，种子胚乳角质。花期4月，果期7～12月。

【分布】原产于中国，日本、印度、缅甸也有；棕榈是世界上最耐寒的棕榈科植物之一，除西藏外，我国秦岭以南地区均有分布。

【用途】药用，具有收敛止血之功效；园林观赏植物。

图2　棕榈花序

【植物诗歌】

咏棕树

唐·徐仲雅

叶似新蒲绿，身如乱锦缠。

任君千度剥，意气自冲天。

赏析：诗歌前两句写棕榈树的外形。棕榈茎顶簇生掌状裂叶，如同热带植物蒲葵，树干被细长棕丝缠抱，像层层锦衣。“任君千度剥”，借树讽刺其顶头上司——马氏旧部周行逢，别出新意。结句借树表达自己不屈的气概。

【植物文化】

棕榈树枝代表希望与和平。摩西五经中记载道，神在摩西死前，将他带到尼波山，指给他看应许之地与耶利哥城（被称为棕榈树之城），因此棕榈枝提醒犹太人进入应许之地的希望，及要来的弥赛亚。所以当人们迎接耶稣以弥赛亚的身份荣入圣城时，手持棕树枝欢迎应许的弥赛亚来临。

棕榈，栽培历史悠久。《山海经》中就载有“石翠之山，其木多棕是也”。棕榈入诗不多，宋代梅尧臣的《咏宋中道宅棕榈》贴切地描绘了棕树的特征：“青青棕榈树，散叶如车轮。”

椰子篇

椰　子 *Cocos nucifera*

【科】棕榈科 Palmae

【属】椰子属 *Cocos*

【主要特征】椰树主要有绿椰、黄椰和红椰三种，树干笔直，无枝无蔓，巨大的羽毛状叶片从树梢伸出，羽状全裂（图1）。佛焰花序腋生，雄花聚生于分枝上部，雄花具萼片3，雄蕊6枚。雌花散生于下部。果实椭球形，外壳厚，富含纤维，内果皮硬，内充满胚乳（由椰肉和椰汁组成）。

【分布】广泛分布于亚洲、非洲、大洋洲及美洲的热带滨海及内陆地区，主要分布在南北纬20°间，尤以赤道滨海地区分布最多，其次在南北纬20°～23.5°范围内也有大面积分布；我国椰子分布在海南岛全境，广东、台湾、云南、广西等部分地区。

【用途】观赏，食用。

图1　椰　树

【植物诗歌】

椰　子

明·钟易

老干苍皮更不群，亭亭枝盖自清芬。

别来不为风狼藉，只为长天扫白云。

赏析：本诗描写了椰子树苍老之后，树皮苍劲，更加显得卓异不凡。远看椰子树枝叶如盖，高高耸立，自有一种高洁的品格。哪怕是从椰梢分出来的枝条，风也不能把它践乱弄残，只为天空扫除浮云。以椰喻人，表现了一种不肯随风飘摆，誓为君为民清除妖风邪气的豪迈气概。

【植物文化】

椰树寓意风调雨顺。

史料记载，海南原本无椰树，是公元前马来群岛一些老熟透了的椰果漂洋过海来到海南岛，被海浪冲上岸后生根发芽，从而逐渐形成椰林。它不怕盐碱不惧瘦瘠更不畏干旱，代代相传，生生不息。物竞天择，椰树无疑是生命的强者。

菖蒲篇

长苞香蒲 *Typha domingensis*

【科】香蒲科 Typhaceae

【属】香蒲属 *Typha*

【主要特征】别称水蜡烛、蒲包草等。多年生水生或沼生草本(图1)。根状茎粗壮,乳黄色,先端白色。地上茎直立,粗壮。叶片长达1.50 m。雌雄花序远离。花果期6~8月。

【分布】黑龙江、吉林、辽宁、内蒙古、河北、河南、山东、山西、陕西、甘肃、新疆、江苏、江西、贵州、云南等。

【用途】造纸,药用,水生净化系统的重要水生植物代表。

图1　长苞香蒲

图2　香　蒲

图3　狭叶香蒲　（刘 冰　摄）

【植物诗歌】

方斛石菖蒲

宋·黄公度

勺水回环含浅清，寸茎苍翠冠峥嵘。

扁舟浮玉山前过，想见江湖万里情。

赏析：石意嶙峋苍古，如见群山沟壑，菖蒲苍翠劲韧，生机无限，诗人手把细壶，来回喷水，看眼前玉石盆景，遥想万里江河，抒发诗人怡情山水、自娱自乐的乐观情怀。此文的植物当指石菖蒲(*Acorus tatarinowii*)。

【植物文化】

菖蒲始载于《神农本草经》，李时珍释其名曰："菖蒲，乃蒲类之昌盛者，故曰菖蒲。"菖蒲历代本草记载均不止一种，李时珍曰："菖蒲凡五种：生于池泽，蒲叶肥，根高二三尺者，泥菖蒲，白菖也；生于溪涧，蒲叶瘦，根高二三尺者，水菖蒲，溪荪也；生于水石之间，叶有剑脊，瘦根密节，高尺余者，石菖蒲也；人家以砂栽之一年，至春剪洗，愈剪愈细，高四五寸，叶如韭，根如匙柄粗者，亦石菖蒲也；根长二三分，叶长寸许，谓之钱蒲是也。"

与菖蒲容易混淆的还有香蒲系列种。常有长苞香蒲、香蒲(*Typha orientalis*)(图2)和狭叶香蒲(*Typha angustifolia*)(图3)，香蒲与长苞香蒲、狭叶香蒲的区别在于前者雌雄花序相连接，后两者明显相分离。长苞香蒲与狭叶香蒲的区别在于前者叶肥而宽后者窄，且具叶耳。

图4　花菖蒲

图5　黄菖蒲

图6　菖　蒲

水菖蒲为溪荪（*Iris sanguinea*），其实是鸢尾科植物。《本草纲目·草八·白昌》："此即今池泽所生菖蒲，叶无剑脊，根肥白而节疏慢，故谓之白昌。古人以根为菹食，谓之昌本，亦曰昌歜，文王好食之。其生溪涧者，名溪荪。"如今的水菖蒲多为栽培变种，如广为栽培的玉蝉花变种花菖蒲（*Iris ensata* var. *hortensis*）（图4），原产于欧洲的黄菖蒲（*Iris pseudacorus*）（图5）等。

李时珍文中说的"叶有剑脊"，即菖蒲（*Acorus calamus*）（图6，图7，图8）。菖蒲是我国传统文化中可防疫驱邪的灵草，与兰花、水仙、菊花并称为"花草四雅"。江南人家每到端午时节，悬菖蒲、艾叶于门、窗，饮菖蒲酒，以祛避邪疫。夏、秋之夜，燃菖蒲、艾叶，驱蚊灭虫等。

图7　菖蒲幼果序

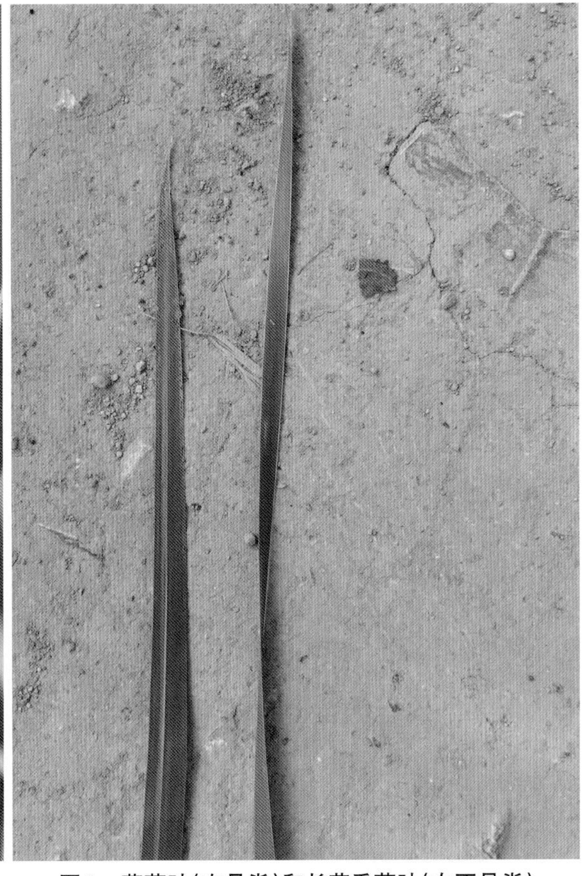

图8　菖蒲叶(左具脊)和长苞香蒲叶(右不具脊)

李时珍文中说的“石菖蒲”即是植物石菖蒲(图9,图10),属于天南星科植物,植株比较矮小,常生于溪流石缝中。明代王象晋写的《群芳谱》中记载:“乃若石菖蒲之为物不假日色,不资寸土,不计春秋,愈久则愈密,愈瘠则愈细,可以适情,可以养性,书斋左右一有此君,便觉清趣潇洒。”不但写出了石菖蒲顽强生命力的特性,也道出了石菖蒲自古就为人们喜爱,并常作案头清玩、摆设等。

图9　石菖蒲生境

图10 石菖蒲(肉穗花序)

李时珍文中说的"钱蒲"则是植物金钱蒲(*Acorus gramineus*)。植株更小,是石菖蒲的近缘种,也有学者认为它们应该合并为一种。《孔雀东南飞》中的"蒲苇韧如丝,磐石无转移"当指香蒲(*Typha*)系列植物,不特指(图1,图2,图3)。当前也有叫蒲苇(*Cortaderia selloana*)(图11)的植物,属于禾本科蒲苇属植物。该植物属于外来种,原产于阿根廷和巴西,分布在华北、华中、华南、华东及东北地区。

图11 蒲 苇

浮萍篇

浮　萍 *Lemna minor*

【科】浮萍科 Lemnaceae

【属】浮萍属 *Lemna*

【主要特征】也叫青萍。浮叶植物(图1)。叶状体对称,表面绿色,背面浅黄色或绿白色,背面垂生白色丝状根1条。雌花具胚珠1枚。果实近陀螺状。

【分布】产于我国南北各地,全球温暖地区广布。

【用途】为良好的饲料,也是草鱼饵料;药用等。

图1　浮　萍

【植物诗歌】

池　上

唐·白居易

小娃撑小艇,偷采白莲回。

不解藏踪迹,浮萍一道开。

赏析:池塘中耸立着一个个大莲蓬,新鲜清香,一个小孩儿偷偷地撑着小船去摘了几个又赶紧划了回来。他自己以为隐藏了偷摘莲蓬的踪迹,可是小船驶过,水面原来平铺着的密密的绿色浮萍分出了一道明显的水线。这首诗有景有色、有行动描写、有心理刻画,细致逼真,富有情趣,而儿童的天真、活泼淘气的可爱形象,也就栩栩如生、跃然纸上了。

图2 紫 萍

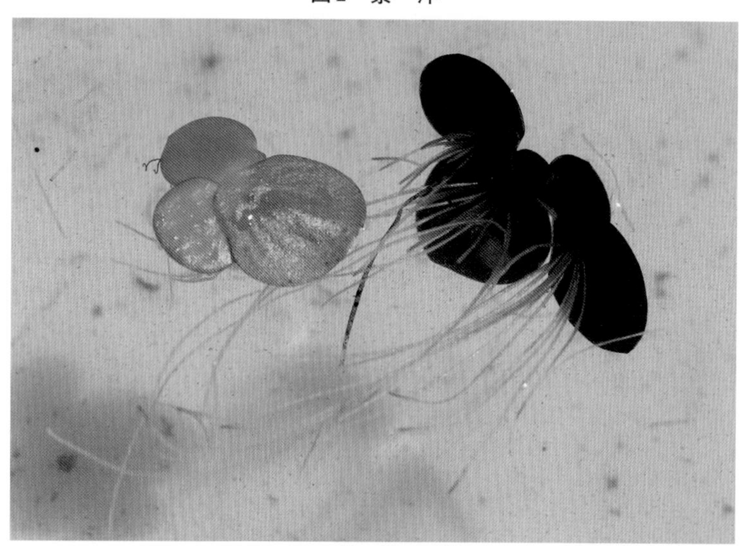

图3 紫萍叶背面

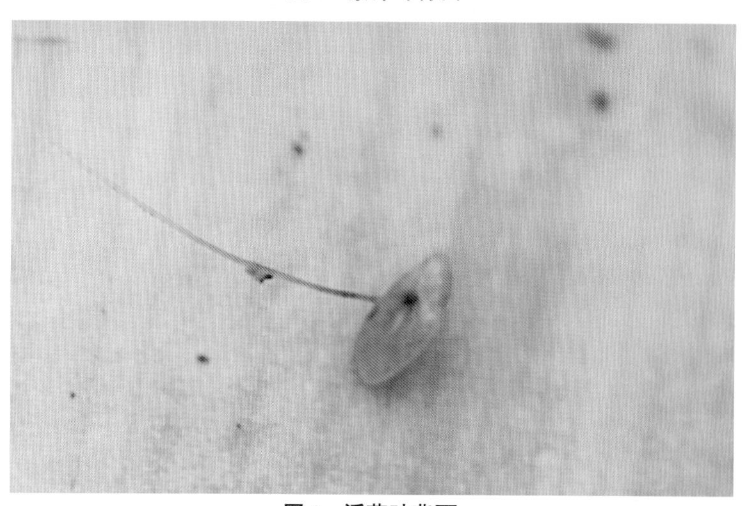

图4 浮萍叶背面

【植物文化】

浮萍科萍类多样，常见的有紫萍（*Spirodela polyrrhiza*）（图2），为紫萍属植物，紫萍叶背面紫色，叶背后生根多条（图3），浮萍叶背面绿色，背面垂生根1条（图4）。另外还有品萍（*Lemna trisulca*），其叶状体有细长的柄，无根萍（*Wolffia arrhiza*），叶无根而容易区别。

图5　槐叶萍

另外，水生常见漂浮植物槐叶萍（*Salvinia natans*）（图5，图6）与上述萍类各不相同，叶3片轮生，二片漂浮水面，形如槐叶，一片细裂如丝，在水中形成假根，密生有节的粗毛，槐叶萍属于蕨类植物。

图6　槐叶萍

百合篇

百　合 *Lilium brownii* var. *viridulum*

图1　百　合

图2　百合花

【科】百合科 Liliaceae

【属】百合属 *Lilium*

【主要特征】又名山丹。多年生草本。鳞茎球形,淡白色,先端常开放如莲座状,由多数肉质肥厚、卵匙形的鳞片聚合而成。花大、多白色、漏斗形(图2),单生于茎顶。蒴果长卵圆形,具钝棱。花期7月,果期7~10月。

【分布】全国各地均有栽培,少部分为野生资源。

【用途】食用,观赏。

【植物诗歌】

窗前作小土山蓺兰
及玉簪最后得香百合并种之

宋·陆游

芳兰移取遍中林,
余地何妨种玉簪。
更乞两丛香百合,
老翁七十尚童心。

赏析:全诗表现诗人年龄虽老,童心犹在。他先在小山丘种了兰花,在余下的空地又重了玉簪,最后求得“两丛香百合”,表现了诗人寄情花草,自娱自乐,不因年老而忧郁,越活越年轻的开朗胸怀。

【植物文化】

花语：纯洁、忠贞、神圣不容侵犯。

百合名因其鳞茎由许多白色鳞片层环抱而成，状如莲花，因而取“百年好合”之意命名，一直是婚礼上的用花。西方人以百合为圣洁象征，是祥瑞之物。大约公元前1 000年以色列国王所罗门的寺庙柱顶上，就以百合花作装饰。

百合，古今都受人喜爱的世界名花，它由野生变成人工栽培已有悠久历史。早在公元4世纪时，人们只作为食用和药用。南北朝时期，有人发现百合花很值得观赏，曾诗云：“接叶有多种，开花无异色。含露或低垂，从风时偃抑。甘菊愧仙方，丛兰谢芳馥。”赞美它具有超凡脱俗、矜持含蓄的气质。

与百合易混的百合属植物卷丹（*Lilium lancifolium*）（图3，图4），该物种因花瓣上有紫褐色斑点、叶腋内有珠芽而易与前者相别。

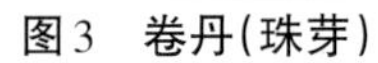

图3　卷丹（珠芽）

图4　卷　丹

萱草篇

萱　草 *Hemerocallis fulva*

【科】百合科 Liliaceae

【属】萱草属 *Hemerocallis*

【主要特征】别名金针菜、忘忧草。多年生草本(图1)。叶基生成丛,条状披针形。夏季开橘黄色或橘红色花,花葶长于叶。圆锥花序顶生,花被6片,开展,向外反卷,边缘稍作波状(图2)。雄蕊6,花丝长,着生花被喉部。花柱细长。花果期为5～7月。

【分布】产于中国、日本和东南亚。

【用途】食用,药用,观赏。

图1　萱　草

图2　萱草花

【植物诗歌】

游　子

唐·孟郊

萱草生堂阶,游子行天涯。

慈亲依堂前,不见萱草花。

赏析:这首诗的整体构思是,儿子要出门远行,在自家院子里种上一株萱草代表自己,母亲看见萱草就像看见自己的儿子。诗文描绘了庭前的台阶旁长出了萱草花,然而远行的游子还在天涯。慈爱的母亲倚在堂前,看儿子种下的萱草花,可是却不见儿子回家。该诗以萱草比喻游子,展现了一位母亲思念远行的游子,殷切期盼儿子回家的心情。

图3　金娃娃萱草

图4　金娃娃萱草花

图5　黄花菜花

【植物文化】

花语：遗忘的爱。萱草又名忘忧草，代表“忘却一切不愉快的事”。

萱草最早出现在古籍中是《诗经·卫风·伯兮》，“焉得谖草，言树之背。愿言思伯，使我心痗”。“谖草”，即萱草，诗句是说一位妇人思念远征的丈夫。白居易《萱草》诗曰：“杜康能散闷，萱草解忘忧。”

西晋《南方草木状》是我国最早的植物志，记载：“与妇人怀妊佩其花生男者，此花即萱草。”在中国古代，生男孩不仅意味着劳动力的增加，更是一个家族是否兴盛的标志，所以在古代，妇女们不但种植、佩带萱草花，她们的服装、首饰也常常选用萱草的形象以求生男。

作为宜男草的萱草，可以给古代女子无边的苦闷生活带来希望，所以人们会在家乡种上萱草，减轻母亲的忧愁烦闷，因而萱草还有“母萱”之称。古人将母亲居住的地方称为“萱堂”，称母亲为萱亲。如果说康乃馨是西方的母亲花，那萱草则是中国的母亲花。

城市园林常见的栽培品种金娃娃萱草（*Hemerocallis fulva* ‘Golden Doll’）（图3，图4），花金黄色。原产于北美，在我国华北、华中、华东、东北等地园林绿地广为栽培。

本属近缘种黄花菜（*Hemerocallis* sp.）（图5）与萱草较像。萱草花朵为橘黄色或橘红色（图1），花葶比叶子要长；黄花菜花朵淡黄色，漏斗形，花蕾时顶端偶带紫黑色。

吊兰篇

图1 吊 兰

吊 兰 *Chlorophytum comosum*

【科】百合科 Liliaceae

【属】吊兰属 *Chlorophytum*

【主要特征】别称垂盆草、挂兰，属多年生常绿草本植物(图1)。茎平生、斜生或垂生，顶端具丛生叶(图2)。花茎从叶丛中抽出，花白色，常2～4朵簇生，排成疏散的总状花序或圆锥花序(图3)。蒴果三棱状扁球形(图4)，每室具种子3～5颗。花期5月，果期8月。

【分布】原产于非洲南部，世界各地广泛栽培。

【用途】药用，观赏，净化空气。

图2 吊兰垂茎上的丛生叶

【植物诗歌】

挂 兰

元·谢宗可

江浦烟丛困草莱，灵根从此谢栽培。

移将楚畹千年恨，付与东君一缕开。

湘女久无尘土梦，灵均元是栋梁材。

午窗试读离骚罢，却怪幽香天上来。

赏析：该诗的挂兰，一说是吊兰，另一说是泛指今天的附生兰花。诗文描写的是挂兰生境，此花不适在江浦栽培，所以移植楚国。诗作既写了挂兰的高洁与超尘脱俗，同时也是在写人。借用屈原《离骚》典故，以兰喻贤才，以草喻小人。诗歌在赞美挂兰的同时，也赞颂屈原。由挂兰幽香自天上来，暗指希望当权者用贤才远小人。

图3　吊兰花

图4　吊兰果实

【植物文化】

花语：无奈而又给人希望。

关于吊兰还有一个传说，说有个妒贤忌才的主考官为了让他的干儿子魁名高中，下决心要压制有个叫林德祥的才子，在批阅林的卷子时恰好碰到皇帝微服来访，主考官慌忙之中把卷子藏到案头一盆长得茂盛的兰花中，被相中这盆漂亮兰花的皇帝在不经意中看到并得知了实情，结局不仅免其官职，还把那盆花“赐”给了他。主考官又羞又恼，心生郁闷，不久就去世了。此后，这种兰花的茎叶就再也没有直起来过，且渐渐演变成今天的吊兰模样，而它的花语也是取其意而来。

麦冬篇

麦　冬 *Ophiopogon japonicus*

【科】百合科 Liliaceae

【属】沿阶草属 *Ophiopogon*

【主要特征】多年生常绿草本植物。根末端常膨大成椭圆形或纺锤形的小块根。叶基生成丛，禾叶状。总状花序具几朵至十几朵花，花单生或成对着生于苞片腋内，花白色或淡紫色（图1）。果实球形。花期5～8月，果期8～9月（图2）。

【分布】原产于我国，也分布于日本、越南、印度。

【用途】观赏，有常绿、耐阴、耐寒、耐旱、抗病虫害等多种优良性状。

【植物诗歌】

睡起闻米元章冒热到东园送麦门冬饮子

宋·苏轼

一枕清风直万钱，

无人肯买北窗眠。

开心暖胃门冬饮，

知是东坡手自煎。

赏析：苏轼不仅是北宋文学家，还是中医药学家。他收集方剂编著成药书《苏学士方》和《圣散子方》。麦门冬饮子，中药，主治膈消胸满心烦，消渴。这首诗写在海南，记述作者为好友米元章病，煎麦冬送饮的故事。

图1　麦冬花

图2　麦冬果

图3　吉祥草

图4　吉祥草花序

【植物文化】

“麦冬”一词的出现可追溯到公元前。公元前3世纪的《山海经》与前2世纪的《尔雅·释草》都提到“墙蘼虋(mén)冬”。晋代郭璞(276—324年)注《尔雅》曰:“墙蘼虋冬,今门冬也。”宋时邢昺对《尔雅》注疏时称:“麦门冬秦(今陕西、甘肃一带)名羊韭,齐(今山东泰山以北及胶东地区)名爱韭,楚(今长江中游湖北、湖南一带)名马韭,越(今江苏、浙江、安徽、江西等一带)名羊蓍。”可见当时麦冬分布甚广。秦汉时《神农本草经》已列麦冬为上品药材,有滋养、强壮之效。

麦冬与吉祥草(*Reineckia carnea*)(图3)容易混淆,其区别特征为:麦冬本地种,吉祥草原产于墨西哥以及中美洲地区;麦冬墨绿色,吉祥草草绿色;麦冬叶狭长,中脉不明显,吉祥草稍宽、短,有明显中脉,中脉下凹;前者花序长于叶,花期5~8月,较早,后者短于叶,花期7~11月,稍迟(图4);麦冬根的顶端或中部常膨大成为纺锤状肉质小块,吉祥草无纺锤根。

玉簪篇

玉　簪 *Hosta plantaginea*

图1　玉　簪

【科】百合科 Liliaceae

【属】玉簪属 *Hosta*

【主要特征】根状茎粗厚。叶卵状心形，先端近渐尖，基部心形，具6～10对侧脉。花葶高40～80 cm，具几朵至十几朵花，花单生或2～3朵簇生，白色（图1），芳香。蒴果圆柱状，有三棱。花果期8～10月。

【分布】分布于四川、湖北、湖南、江苏、安徽、浙江、福建和广东等地区。

【用途】药用，观赏，良好的地被植物。

【植物诗歌】

玉　簪

宋·王安石

瑶池仙子宴流霞，醉里遗簪幻作花。

万斛浓香山麝馥，随风吹落到君家。

赏析：玉簪本是天上物，只因偶然落凡间。相传王母娘娘在瑶池宴请众仙子喝酒，仙女们个个脸若桃花，觥筹交错之间，酒不醉人人自醉，云鬓松斜，宴罢回宫之际，玉簪坠落，遗落人间化作玉簪花。

【植物文化】

花语：恬静，宽和。

玉簪花始见于《花品》："玉簪花：醉里遗簪。"各地最为常见的玉簪属植物有2种：紫玉簪（*Hosta albo-marginata*）（图2，图3，图4）和紫萼（*Hosta ventricosa*）（图5）。玉簪植株较矮，株高约33 cm，花白色，蜡状；紫萼植株相对较高，株高60～100 cm，花淡紫色。玉簪、紫玉簪的花朵都是"喇叭形"，和百合花的形状相似，但紫萼的花朵是"漏斗形"的。

图2　紫玉簪

图3　紫玉簪花

图4　紫玉簪花（喇叭状）

图5　紫萼花（漏斗状）

菝葜篇

菝　葜 *Smilax china*

图1　菝　葜

【科】百合科 Liliaceae

【属】菝葜属 *Smilax*

【主要特征】别称金刚刺、乌鱼刺等。多年生落叶攀附藤本植物(图1)。根状茎粗厚,呈不规则块状。茎疏生刺。叶长椭圆形,下面常淡绿色,少苍白色。花单性,雌雄异株。伞形花序生于叶尚幼嫩的小枝上,具多花,常呈球形,花绿黄色,雄花中花药比花丝稍宽,常弯曲(图2)。雌花与雄花大小相似,有6枚退化雄蕊,柱头3裂,稍反曲(图3)。浆果熟时红色,有粉霜。花期2~5月,果期9~11月。

【分布】产于我国西南、中南及华东,朝鲜、日本、缅甸、越南、泰国、菲律宾也有分布。

【用途】药用,主治祛风湿、利小便、消肿毒、止痛等;园林观赏。

图2　菝葜雄花序

图3　菝葜的雌花(退化雄蕊)

【植物诗歌】

食菝葜苗

宋·张耒

江乡有奇蔬,本草记菝葜。

驱风利顽痹,解疫补体节。

春深土膏肥,紫笋迸土裂。

烹之芼姜橘,尽取无可掇。

应同玉井莲,已过苗头茁。

异时中州去,买子携根拔。

免令食蔬人,区区美薇蕨。

赏析:作者饶有兴趣地告诉人们,在他的家乡有一种奇特的蔬菜,本草中有记载,名叫菝葜。功能祛风利湿,用以治疗很难治愈的风湿痹痛,可缓解关节疼痛之苦。晚春土壤肥沃时,从地下根茎上生出带紫色的新苗,常因新苗粗壮挤裂了周围的泥土。刚出土的茎叶肥且嫩脆可采作蔬菜,选姜和橘皮为调料进行烹制,即成美食。当地下根茎生长成与玉井莲(古传说为华山峰顶玉井中所产之莲)相似的形态时,生出肥壮嫩苗的季节已过去,老茎叶已不可食用。以后到中州(今河南开封)去时,携带挖出的根茎作种子移植,人们就可吃到这种奇特的蔬菜,不再认为美食仅仅是蕨和薇(今巢菜)了。纵观全诗层次分明,叙事有序,从药用植物名称到历史及功用,再突出作蔬菜部分的特点及烹调方法。从作者所写的多首诗中知他在基层为官多年,深知百姓疾苦,食用到奇特的美味时,不忘与他人共享,是值得称颂的美德。

【植物文化】

花语：可爱。

菝葜出自《名医别录》：菝葜，生山野，二月，八月采根，暴干。《本草图经》：菝葜，近京及江，浙州郡多有之。有一种中药植物——光菝葜（*Smilax glabra*），其根状茎入药，称土茯苓（图4），有祛湿热、解毒、健脾胃之效。

图4 土茯苓 （陈 彬 摄）

水仙篇

水　仙 *Narcissus tazettal.* var. *chinensis*

【科】石蒜科 Amaryllidaceae

【属】水仙花属 *Narcissus*

【主要特征】又名凌波仙子、中国水仙。多年生草本植物。鳞茎卵状至广卵状球形。花茎生于鳞茎顶端伞状花序。花瓣多为6片。花蕊外面有一个如碗一般的保护罩，黄色(图1)。叶狭长带状，蒴果室背开裂。花果期春季。

【分布】在我国的野化分布相当广泛，主要分布在东南沿海地区，以上海崇明县和福建漳州水仙最为有名。

【用途】观赏。

图1　水仙花

【植物诗歌】

水仙花

元·杨载

花似金杯荐玉盘，

炯然光照一庭寒。

世间复有云梯子，

献与嫦娥月里看。

赏析：水仙，花如其名，如金杯子银台，绿叶青秆，亭亭玉立于碧波之上，只需一碟清水，几粒石子，就能在新春佳节萌翠吐芳，素雅清香，格外动人(图2)。诗人愿求云梯，将水仙送给嫦娥在月宫里观赏，表达了诗人对水仙花的圣雅高洁的赞美之情。

图2 盛开的水仙

【植物文化】

花语：纯洁，吉祥。在西方水仙花意为“恋影花”，预示坚贞的爱情。

水仙为中国十大传统名花之一。最早在公元前800多年见于文字记载，在希腊的文学作品中提到了水仙。公元前300年希腊哲学家泰奥弗拉斯记述水仙，早春开花，希腊人用以制成花圈，作为葬仪品，也用作寺院内的装饰品。中国水仙的栽培史据史籍记载，最早见于唐代段成式撰写的《酉阳杂俎》所述，“柰祇，出拂林国，苗长三四尺，根大如鸭卵，叶似蒜，叶中心抽条甚长，茎端有花六出，红白色，花心黄赤，不结子”。这里所记述的“柰祇”应是水仙，而且“柰祇”的读音与波斯语中水仙的名称Nargi，阿拉伯语的Narkim，英语的Narcissus都相近，在植物学上水仙属的学名也用Narcissus。现在，经过园艺工作者杂交育种，有园艺品种达2 500余种。

彼岸花篇

红花石蒜 *Lycoris radiata* var. *radiata*

图1　红花石蒜

【科】石蒜科 Amaryllidaceae

【属】石蒜属 *Lycoris*

【主要特征】多年生草本植物。地下茎肥厚。叶线形，于花期后自基部抽生。伞形花序顶生，花鲜红，花筒较短，花被片狭倒披针形，向外翻卷，雄蕊及花柱伸出（图1）。花期7～9月，果期10月。

【分布】原产于我国和日本，世界各地广为栽培。

【用途】优良的宿根草本花卉；鳞茎有毒，入药有催吐、祛痰、消肿、止痛之效。

【植物诗歌】

无　题

唐·无名氏

彼岸花开开彼岸，

断肠草愁愁断肠。

奈何桥前可奈何，

三生石前定三生。

赏析：这是一首纪念亡妻的悼词，诗人结合自己不幸的遭遇有感而发。诗人在沉思，踏上奈何桥，回头看最后一眼彼岸花，在望乡台上看最后一眼人间，喝碗老妇人用忘川水煮的孟婆汤，人生各种滋味尽在其中，泪水滑落，却不知如何去面对三生石上的缘分。

【植物文化】

花语：无尽的思念和绝望的爱情。

彼岸花，学名“红花石蒜”，别名曼陀罗，是来自《法华经》中梵语“摩诃曼珠沙华”的音译。原意为天上之花，是天降吉兆四华（曼珠沙华、摩诃曼殊沙华、曼陀罗华、摩诃曼陀罗华）之一，典称见此花者，恶自去除。

常见开黄花的叫中国石蒜（*Lycoris chinensis*）（图2），春季出叶，花黄色，而红花石蒜秋季出叶，花红色。

图2　中国石蒜

晚香玉篇

晚香玉 *Polianthes tuberose*

【科】石蒜科 Amaryllidaceae

【属】晚香玉属 *Polianthes*

【主要特征】别名夜来香。多年生草本植物。茎直立，不分枝。基生叶片簇生，线形，深绿色，在花茎散生，向上渐小呈苞片状。穗状花序顶生，每苞片常具2花（图1）。花乳白色，浓香，花被裂片长圆状披针形，子房下位，花柱细长（图2），蒴果卵球形，种子多数，稍扁。7～9月开花。

图1　晚香玉

【分布】原产于墨西哥及南美洲，我国南方地区多有栽培。

【用途】观赏，晚香玉花期调控十分容易，可以四季开花，是重要切花之一；提取香精原料。

【植物诗歌】

晚香玉

清·李楣

香风吹到卷帘时，玉蕊亭亭放几枝。

摘向妆台伴朝夕，清吟端为写幽姿。

赏析：夜幕降临，阵阵徐徐，几支晚香玉花即可飘过缕缕清香，令人为之一振。“香风吹到卷帘时”，说明这种花夜间芬芳直到清晨卷帘之时，既描绘了晚香玉的婀娜多姿，也突出了其花气香远。后两句，伴花如伴人，道出对晚香玉的依恋情感，甚至成为晚香玉的知音，不仅要陪伴她，还要写诗来赞美她的优雅资质。

图2　晚香玉花解剖

【植物文化】

花语：危险的快乐。

因为晚香玉晚上才会散发出浓郁的香味，故名晚香玉。此香味因为太浓，会让人感觉到呼吸困难，因而一般晚香玉不置于室内，所以其花语是“危险的快乐”。

蝴蝶花篇

蝴蝶花 *Iris japonica*

【科】鸢尾科 Iridaceae

【属】鸢尾属 *Iris*

【主要特征】别称日本鸢尾、兰花草等。多年生草本。根状茎。叶基生，扁平。花茎直立，高于叶片，顶生稀疏总状聚伞花序，分枝5～12个（图1）。每苞片含有2～4朵花，花淡蓝色。外花被裂片倒卵形或椭圆形，具黄色鸡冠状附属物（图2），内花被裂片椭圆形或狭倒卵形，雌蕊上部3分枝，拱形弯曲，花瓣状（图3），雄蕊3枚，花药白色（图4）。蒴果椭圆状柱形，无喙。花期3～4月，果期5～6月。

【分布】分布于我国和日本。

【用途】民间草药，用于清热解毒，可消瘀逐水；因花多色美，具有较高的园艺价值。

【植物诗歌】

题紫蝴蝶花

明·孙继皋

蝴蝶梦为花，花开幻蝴蝶。

紫艳双纷翻，香心不可拾。

赏析：这首诗借花抒情，影射庄周梦蝶。蝶恋花，既美不胜收，又香心难取，从而借物喻人。

图1 蝴蝶花（多分枝）

图2 蝴蝶花

图3　蝴蝶花花瓣状柱头

图4　蝴蝶花雄蕊

图5　鸢尾

【植物文化】

关于叫蝴蝶花的植物至少有五种以上。鸢尾属许多植物都可叫蝴蝶花。鸢尾(*Iris tectorum*)(图5,图6,图7)的属名为*Iris*。古希腊有一位美丽端庄的女神——艾丽斯(Iris),是众神的使者,同时也是彩虹女神。所以古希腊人给鸢尾起了与彩虹女神同样的名字Iris,这一称谓一直延续至今。

图6　鸢尾花瓣状柱头

图7　鸢尾花雄蕊

最早关于鸢尾的图像出现在公元前2000年至前1400年弥诺斯(Minos,古希腊的神)的克诺索斯(Knossos)王宫中一幅表现“祭司—国王”的浮雕上。古埃及人常把埃及鸢尾的三基数花瓣象征着忠诚、智慧和勇敢。我国宋代嘉祐年间,北宋大天文家、药理学家苏颂主编的《本草图经》中写道:“鸢尾布地而生,叶扁,阔于射干,今在处有,大类蛮姜也。”明朝万历年间,李时珍编著的《本草纲目》草部第十七卷中写道:“鸢尾,释名乌园,根名鸢头。此草叶似射干(*Belamcanda chinensis*)(图8)而阔短,不抽长茎,花紫碧色。”他还提到,射干即今扁竹也。今人所种多为紫花者,呼为“紫蝴蝶”。由于当时人们对植物形态学的认识不够充分,常将射干与鸢尾混淆,把鸢尾称射干或射干鸢尾。直至清代,吴其睿在他的巨著《植物名实图考·毒草类》才有清晰、准确的描绘:“鸢尾,《本经》下品。《唐本草》:花紫碧色,根似高良姜。此即今之紫蝴蝶也。”

图8　射　干

鸢尾花与蝴蝶花比较相似:前者颜色更为深紫,所以也称紫蝴蝶,外轮花瓣顶端不凹,分节少,具花2~4朵,花药黄色;后者花淡蓝色,外轮花瓣中间常有黄色鸡冠状附属物,顶端微凹,分节多,具花10朵或以上。而古时容易混淆的鸢尾和射干其实与前两者差别很大,前两者具有明显的花被管,花柱分枝成花瓣状,而射干花被管极短,花柱3裂,不成花瓣状,且花呈黄色而极易区别。

宋代张维在《玉蝴蝶花》诗中写道:“雪朵中间蓓蕾齐,骤开尤觉绣工迟。品高多说琼花似,曲妙谁将玉笛吹。散舞不休零晚树,团飞无定撼风枝。漆园如有须为梦,若在蓝田种更宜。”有些文献认为诗中的玉蝴蝶花是鸢尾属植物,也有文献认为张维的《玉蝴蝶花》中的玉蝴蝶花是紫薇科木蝴蝶(*Oroxvlum indicum*),可能都有误。《十咏图》(图9)创作的背景是时任吴兴(今湖州)太守马寻在南园宴请当地比较德高望重的六位老人,张维就是赴宴的老人之一,十咏图的主人翁,北宋著名词人张先的父亲。宴后张先作图,将张维写的十首诗置于画中。该画第一首即为《太守马太卿会六老于南

图9　十咏图(北宋·张先)

园》,接下来的两首分别为《庭鹤》和《玉蝴蝶花》,为了配合这两首诗,还特地在亭榭间画了一只仙鹤和一枝玉蝴蝶花(图9)。根据图示,玉蝴蝶花显然不是草本,因此不是鸢尾。根据植物分布,湖州市以及浙江省均不分布紫薇科木蝴蝶(图10),所以诗中的玉蝴蝶花可能不是该植物。诗中首句"雪朵中间蓓蕾齐",非常像荚蒾属的外围白色不孕花和中间的两性花,且"品高多说琼花似",应该是像琼花而非琼花。综上所述,该诗可能指的是荚蒾属植物或者就是蝴蝶戏珠花(*Viburnum plicatum* var. *tomentosum*)(图11)。原因:(1)该植物为木本而非草本,(2)该植物似琼花而非琼花,(3)该植物浙江广为分布,湖州也常见,(4)该植物外围花瓣特别像蝴蝶,其名称也叫蝴蝶戏珠花。

图10　木蝴蝶　(孟宏虎　摄)

图11　蝴蝶戏珠花

目前，许多参考文献中将宋、元或以前的有关蝴蝶花诗词都配图为三色堇（*Viola tricolor*）（图12），因为三色堇非常像蝴蝶，其俗名也叫蝴蝶花，殊不知三色堇是波兰国花，原产于欧洲，在欧美十分流行。1629年将野生种引进庭园栽培，19世纪开始进行品种改良，我国于20世纪20年代初引进，全国各地均有栽培。所以，只有现代诗词中的蝴蝶花才指的是三色堇。

图12 三色堇

芭蕉篇

芭　蕉 *Musa basjoo*

【科】芭蕉科 Musaceae

【属】芭蕉属 *Musa*

【主要特征】别称芭苴、板蕉等。多年生草本植物。叶片长圆形，先端钝，基部圆形或不对称，长达2～3 m。花序顶生，下垂。苞片红褐色或紫色。雄花生于花序上部，雌花生于花序下部。雌花在每一苞片内约10～16朵，排成2列。浆果三棱状，长圆形，长5～7 cm，肉质，内具多数种子。种子黑色，具疣突及不规则棱角。花果期5～6月。

【分布】原产于琉球群岛，我国秦岭淮河以南常见栽培。

【用途】叶纤维为造纸原料；花干燥后煎服治脑溢血；根茎含淀粉，可酿酒；果实不能食用。

图1　芭蕉花

【植物诗歌】

添字丑奴儿·窗前谁种芭蕉树

宋·李清照

窗前谁种芭蕉树，阴满中庭。阴满中庭，叶叶心心，舒卷有馀清。

伤心枕上三更雨，点滴霖霪。点滴霖霪，愁损北人，不惯起来听。

赏析：这首词作于南渡以后，通过雨打芭蕉引起的愁思，表达作者思念故国、故乡的深情。首句设问"窗前谁种芭蕉树"，似问非问，随后自然而然地将读者的视线引向南方特有的芭蕉庭院。再抓住芭蕉叶心长卷、叶大多荫的特点加以咏写，蕉心长卷，一叶叶，一层层，不断地向外舒展。接下来抒情，借午夜三更雨打芭蕉，反衬自己愁怀永结、郁郁寡欢的心绪。

【植物文化】

花语：相亲相爱。

在诗人眼里，芭蕉常常与孤独忧愁特别是离情别绪相联系，以芭蕉为怨悱，其诗词也柔婉动人。古人把伤心、愁闷借着雨打芭蕉一股脑儿倾吐出来，留下了许多脍炙人口的不朽诗篇。

"写遍芭蕉"说的是中国历史上杰出的狂草书法家怀素的故事，因为买不起纸张，怀素就找来一块木板和圆盘，涂上白漆书写。后来，怀素觉得漆板光滑，不易着墨，就又在寺院附近的一块荒地，种植了一万多株的芭蕉树。芭蕉长大后，他摘下芭蕉叶，铺在桌上，临帖挥毫。由于怀素没日没夜地练字，老芭蕉叶剥光了，小叶又舍不得摘，于是想了个办法，干脆带了笔墨站在芭蕉树前，对着鲜叶书写，就算太阳照得他如煎似熬，刺骨的北风冻得他皮肤皲裂，他也在所不顾，继续坚持不懈地练字。他写完一处，再写另一处，从未间断。这就是有名的怀素芭蕉练字。怀素的草书称为"狂草"，用笔圆劲有力，使转如环，奔放流畅，对后世影响极为深远。

本属的香蕉(*Musa acuminata*)(图2)，在形、色、味上都很相近。从外观上看，香蕉棱少，形体长圆，果柄短，未成熟时为青绿色，成熟后转为金黄色，果肉为黄白色，横断面近圆形。芭蕉一头略大，另一头略小，果柄较长，芭蕉果皮呈灰黄色，果肉是乳白色，横断面为扁圆形。从味道上分辨，香蕉味道浓甜，而芭蕉果肉细致油滑，但回味中略带酸。

另外，本属的粉红芭蕉(*Musa velutina*)因花瓣和苞片均成红色而与前二者相别，常供观赏。

图2 香 蕉

图3 粉红芭蕉

红豆蔻篇

红豆蔻 *Alpinia galanga*

图1　红豆蔻(叶育石　摄)

【科】姜科 Zingiberaceae

【属】山姜属 *Alpinia*

【主要特征】也称大高良姜。姜科多年生草本(图1),高约2 m。根状茎块状,稍有香气。叶片长圆形或披针形。圆锥花序顶生,花多而密集,花绿白色,清香(图2)。果长圆形,中部稍收缩,熟时浅棕色或枣红色(图3)。花期5～7月,果期8～10月。

【分布】产于台湾、广东、广西和云南等省,亚洲热带地区广布。

【用途】药用,有祛湿、散寒、消食的功用。

【植物诗歌】

赠别·其一

唐·杜牧

娉娉袅袅十三余,豆蔻梢头二月初。

春风十里扬州路,卷上珠帘总不如。

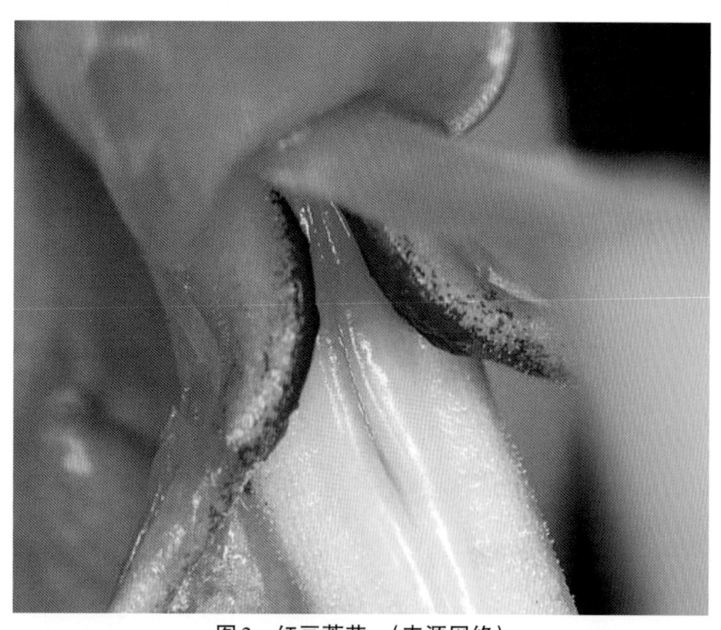

图2 红豆蔻花 （来源网络）

图3 红豆蔻果 （叶育石 摄）

赏析：这是一首诗人正要离开扬州，赠别一位扬州歌妓的诗。诗中赞美扬州年轻少女身姿体态，妙龄丰韵，如同初放的红豆蔻花。此花在未盛开时显得非常丰满，奇特的是花瓣蜜腺之外，有两个相对的红色结构，俗称"含胎花"，常被喻为少女的象征。扬州佳丽极多，唯她独俏。从意中人写到花，再从花写到春城闹市，最后又烘托出意中人，全诗挥洒自如，堪称经典。

【植物文化】

花语：热烈，少女，风华正茂。

红豆蔻最早始于《药性本草》，而《开宝本草》因其效能与高良姜（*Alpinia officinarum*）相似，而加以合并收录。

据史料记载，汉语中有"豆蔻"二字的名称分别是豆蔻、红豆蔻、白豆蔻、草豆蔻和肉豆蔻（*Myristica fragrans*），前四者属于姜科，后者属于肉豆蔻科。

杜牧诗中"豆蔻"，多强调豆蔻含蓄的诗歌意象，认为豆蔻同理连枝，含苞待放犹如芳龄少女。

事实上，红豆蔻的花背后有着独特的造型和异交繁殖策略。所谓的红心，指的是红豆蔻蜜腺，它可以吸引传粉昆虫访花取食，顺便带走花粉或授粉。该植物具有一种独特的花柱卷曲机制：红豆蔻花序上的花朵逐次开放。早上单朵花开放时，花粉成熟，而花蕊向上翘，木蜂被花香吸引时，便可能造访。木蜂沿受花心红色斑块引导，准确停留在花瓣上，位于上方的花粉就会刷蹭到木蜂的背部。有趣的是，为了避免自交，红豆蔻的花柱在中午以后会慢慢向下弯曲。此时，柱头已经发育成熟。当木蜂再次拜访时，它背上携带的花粉便能帮助红豆蔻传粉。小巧精致的花柱运动，可主动避开自交，增加后代的遗传多样性，以抵抗多变的环境。

美人蕉篇

美人蕉 *Canna* sp.

【科】美人蕉科 Cannaceae

【属】美人蕉属 *Canna*

【主要特征】别称叫红艳蕉、小芭蕉。多年生湿生草本(图1)。叶片卵状长圆形。总状花序疏花,花单生。花冠裂片披针形。外轮退化雄蕊3～2枚,鲜红色(图2),其中2枚倒披针形,蒴果绿色,长卵形,有软刺(图3)。花果期3～12月。

【分布】我国南北各地常见。

【用途】园林观赏。

图1　美人蕉

图2　美人蕉花

图3　美人蕉果实

【植物诗歌】

红蕉花

唐·李绅

红蕉花样炎方识，瘴水溪边色更深。

叶满丛深殷似火，不唯烧眼更烧心。

赏析："红蕉"即美人蕉。"炎"即炎热，特指南方。美人蕉原产于热带，喜欢阳光充足的高温炎热环境，在南方生长更佳。诗歌交代了其识别爱花的历程，开始表明诗人在南方红蕉花开的时候才认识，在湿热蒸郁的河岸溪边花色最深。"瘴"，指瘴气，即南方山林河川间潮湿蒸热致人疾病的气。美人蕉绿叶丰满，红花似火，不单烧我的眼睛，更要烧我的心。

【植物文化】

花语：美好的未来。

依照佛教的说法，美人蕉是由佛祖脚趾所流出的血变成的，是一种大型的花朵。在阳光下，酷热的天气中盛开的美人蕉，让人感受到它强烈的存在意志。

兰花篇

春　兰 *Cymbidium goeringii*

【科】兰科 Orchidaceae

【属】兰属 *Cymbidium*

【主要特征】地生植物。叶带形，下部常对折而呈V形（图1）。花葶从假鳞茎基部抽出，明显短于叶。花序具单朵花（图2），少有2朵。花苞片长而宽，围抱子房。花为绿色或淡褐黄色，有香气。萼片近长圆形至长圆状倒卵形，花瓣倒卵状椭圆形至长圆状卵形（图3），唇瓣近卵形，不明显3裂，侧裂片直立，具小乳突。中裂片较大，强烈外弯，上面亦有乳突，边缘略呈波状。合蕊柱两侧有较宽的翅。花粉团4个，成2对。蒴果狭椭圆形。花期1～3月。

【分布】产于陕西南部、甘肃南部，以及长江以南大部分地区。

【用途】观赏。

图1　春　兰

图2　春兰花

图3　春兰花

【植物诗歌】

兰二首

唐·唐彦谦

清风摇翠环，凉露滴苍玉。

美人胡不纫，幽香蔼空谷。

谢庭漫芳草，楚畹多绿莎。

于焉忽相见，岁晏将如何。

赏析：此诗以兰花自喻。“翠环”指下垂弯曲的条状绿叶，“绿莎”指带形叶的莎草，“谢庭”喻指昌盛之家，“楚畹”泛称兰圃。清风拂动兰草，清凉的露水滴在兰叶上面就像青色的玉一样。美人你为什么不缝纫了呢？幽香的兰花茂盛地生长在深幽的山谷中。昌盛之家多是忠贞贤良的人(芳草的比喻)，兰圃中也有很多绿色的莎草，在突然间看见你(兰花)，年末的时候你会怎么样呢？表达诗人“冯唐易老，李广难封”之意。

【植物文化】

花语：高洁、高雅、美好、贤德、淡泊。在国外，兰花花语则为友谊、热烈和自信。

兰有今兰(兰花)与古兰(佩兰)之分。古兰见《诗经·陈风·泽陂》：“彼泽之陂，有蒲与蕑(jiān)。”这里的“蕑”，即佩兰(*Eupatorium fortunei*)(图4)或泽兰(*Eupatorium japonicum*)(图5)，表明其喜湿生境。今兰，春秋时《左传》中称“国香”，北宋黄庭坚《书幽芳亭》曰：“兰之香盖一国，则曰国香。”唐末五代称为“香祖”：“兰虽吐一花，室中亦馥郁袭人，弥旬不绝，故江南人以兰为香祖。”至明清时被誉为“天下第一香”。

图4 佩 兰

图5 泽 兰

图6　独花兰

图7　钩距虾脊兰

兰花独具“四清”（气清、色清、神清、韵清），具清雅、高洁的气质，素有“花中君子”“王者之香”等声誉。中国人常把兰花称为“君子兰”，以表明兰花与君子相接近的品性。古文中常把诗文之美喻为“兰章”，把友谊之真喻为“兰交”，把良友喻为“兰客”。历代文人墨客争相赞咏兰花，并有着挥之不去的“兰情结”，如种兰、赏兰、画兰、咏兰、写兰等。兰花是珍贵的观赏植物，全世界有2万多种。兰科植物均列入《濒危野生动植物种国际贸易公约》，如独花兰（*Changnienia amoena*）（图6），国家Ⅱ级重点保护野生植物，也是中国的特有物种，其野生独花兰现已变得非常稀少，需加大保护力度。

图8　扇脉杓兰

图9　白　及

图10 蝴蝶兰

图11 山珊瑚兰

常见的兰花还有钩距虾脊兰(*Calanthe graciliflora*)(图7)、扇脉杓兰(*Cypripedium japonicum*)(图8)、白及(*Bletilla striata*)(图9)等。

蝴蝶兰(*Phalaenopsis aphrodite*)(图10),原产于亚热带雨林地区,为附生性兰,有“洋兰皇后”的美誉。

山珊瑚兰(*Galeola faberi*)(图11),为腐生兰。花黄色,花期5~7月。

苏铁篇

苏　铁 *Cycas revoluta*

图1　苏　铁

【科】苏铁科 Cycadaceae

【属】苏铁属 *Cycas*

【主要特征】树干高约2 m,圆柱形(图1)。羽状叶从茎的顶部生出,下层的向下弯,上层的斜上伸展,整个羽状叶的轮廓呈倒卵状狭披针形。雌雄异株,雄球花圆柱形,小孢子叶窄楔形,花药通常3个聚生(图2)。雌球花球状(图3),大孢子叶羽状分裂,密生淡黄色或淡灰黄色绒毛,胚珠2~6枚,生于大孢子叶柄的两侧(图4)。种子红褐色或橘红色,倒卵圆形或卵圆形。花期6~8月,种子10月成熟。

【分布】现广泛分布于中国、日本、菲律宾和印度尼西亚等国家。

【用途】食用,药用,观赏。

图2　苏铁雄球花

图3　苏铁雌球花

图4　苏铁大孢子叶

【植物诗歌】

偈二十七首其一

宋·释守净

流水下山非有意，片云归洞本无心。

人生若得如云水，铁树开花遍界春。

赏析：释守净，号此庵，住福州西禅寺，为南岳下16世径山宗杲禅师法嗣。诗文从描述自然界入手，山上潺潺的流水往山下流淌，并非特意安排，天上片片白云飘来荡去，也不是有心为之。在佛教里，特别是禅宗，有强烈的云水风格。云水代表自由自在、单纯朴素。人就如同铁树，花就是悟，人难悟正如同铁树难以开花，人的生活如果能如同云水一般遵循本性，那么所有的道路都可以成佛，又何必刻意修炼呢？只有每个人的佛性得以彰显，人间才会有真正的和谐与平安。

【植物文化】

花语：坚贞不屈，坚定不移，长寿富贵，吉祥如意。

苏铁的名称由来，一说是因其木质密度大，入水即沉，沉重如铁而得名；另一说因其生长需要大量铁元素，故而名之。苏铁是最原始的裸子植物之一，曾与恐龙同时称霸地球，被地质学家誉为“植物活化石”。它起源于古生代的二叠纪，于中生代的三叠纪（距今2.25亿年）开始繁盛，侏罗纪（距今1.9亿年）进入最盛期，几乎遍布整个地球，至白垩纪（距今1.36亿年）时期，由于被子植物开始繁盛，才逐渐走向衰落。到第四纪（距今250万年）冰川来临，北方寒流南侵，苏铁科植物大量灭绝，因而如今的铁树植物被誉为“植物界的大熊猫”。

银杏篇

银　杏 *Ginkgo biloba*

图1　银　杏

【科】银杏科 Ginkgoaceae

【属】银杏属 *Ginkgo*

【主要特征】又名白果。为落叶大乔木(图1),叶互生,扇形,顶缘缺刻或2裂。在长枝上散生,在短枝上簇生,球花雌雄异株,单性。雄球花葇荑花序状(图2),下垂,花药常2个,长椭圆形。雌球花具长梗,梗端常分两叉,每叉顶生一盘状珠座,胚珠着生其上,通常仅一个叉端的胚珠发育成种子(图3)。花期4月,果期9~10月。

【分布】野生状态的银杏残存于江苏徐州北部(邳州市)、山东南部临沂(郯城县)地区,以及浙江西部山区。

【用途】叶供观赏,宜作行道树;果食用。

图2 银杏雄花序

图3 银杏幼果

【植物诗歌】

晨兴书所见

宋·葛绍体

等闲日月任西东，不管霜风著鬓蓬。

满地翻黄银杏叶，忽惊天地告成功。

赏析：平时不太关心日月东升西落，也不太在意外面的风霜雨雪。今天早晨起来，看见满地翻滚的银杏黄叶（图4），才忽然惊觉，岁功告成。诗作抒发了诗人一分耕耘一分收获，成功地把所有的辛劳汗水化为甘甜的喜悦。

【植物文化】

银杏树寓意健康长寿、幸福吉祥。

银杏出现在几亿年前，是第四纪冰川运动后遗留下来的裸子植物中最古老的孑遗植物，现存活的野生银杏稀少而分散，和它同纲的所有其他植物皆已灭绝，所以银杏又有"活化石"的美称。银杏树生长较慢，寿命极长，自然条件下从栽种到结银杏果要二十多年，四十年后才能大量结果，因此又把它称作"公孙树"，有"公种而孙得食"的含义，是树中的老寿星。

图4 秋天的银杏

松树篇

黄山松 *Pinus taiwanensis*

【科】松科 Pinaceae

【属】松属 *Pinus*

【主要特征】乔木(图1,图2)。针叶2针一束。雄球花圆柱形,淡红褐色,长1~1.5 cm,聚生于新枝下部成短穗状(图3)。球果卵圆形,鳞脐具短刺。种子倒卵状椭圆形。花期4~5月,球果第二年10月成熟。

【分布】黄山松分布于我国台湾中央山脉海拔750~2 800 m山地和福建东部(戴云山)及西部(武夷山)、浙江、安徽、江西、广东、广西、云南、湖南东南部及西南部、湖北东部、河南南部海拔600~1 800 m山地。

【用途】观赏,材用。

图1 黄山松(天柱山大王松)

图2　黄山松雾凇

图3　黄山松小孢子叶球

【植物诗歌】

南轩松

唐·李白

南轩有孤松，柯叶自绵幂。
清风无闲时，潇洒终日夕。
阴生古苔绿，色染秋烟碧。
何当凌云霄，直上数千尺。

图4　马尾松

图5　马尾松小孢子叶球

赏析：本诗中的松树，泛指松属植物。诗的前六句，重在描绘诗人所见“孤松”之景；松树枝叶繁茂，在清风中显得潇洒自得，枝干上苔绿叶翠，秋烟中更添朦胧之美。最后两句体现出诗人不满足于“孤松”的潇洒自得，有着直上凌霄之势。此诗借孤松自喻，借物抒怀，写孤松的潇洒高洁、顽强挺拔的品性，表现出诗人刚正不阿的高尚品格。

图6　黄山松球果

图7　马尾松球果

【植物文化】

松树寓意坚定、贞洁、长寿。

松常与鹤组图“松鹤延年”。在古代，鹤是“一鸟之下，万鸟之上”，仅次于凤凰的“一品鸟”。古诗中的松树均泛指。

黄山松为高海拔分布，叶2针一束，硬而短；马尾松（*Pinus massoniana*）为低海拔植物，2或3针1束（图4，图5）。黄山松鳞脐具短刺（图6），马尾松鳞脐无刺（图7）。

黑松（*Pinus thunbergii*），叶长而硬，果实明显较大，种鳞具长刺（图8，图9，图10）。

图8 黑 松

图9 黑松孢子叶球

图10 黑松球果

柏树篇

龙　柏 *Sabina chinensis*‘Kaizuca’

【科】柏科 Cupressaceae

【属】圆柏属 *Sabina*

【主要特征】龙柏是圆柏（桧树）的栽培变种，其长到一定高度，枝条螺旋盘曲向上生长，好像盘龙姿态，故名“龙柏”（图1）。小枝近圆柱形或近四棱形。具鳞叶。

【分布】我国各地常见，朝鲜、日本也有分布。

【用途】龙柏树形优美，观赏价值高，常用于园林绿化。

图1　龙　柏

【植物诗歌】

古柏行

唐·杜甫

孔明庙前有老柏，柯如青铜根如石。
霜皮溜雨四十围，黛色参天二千尺。
君臣已与时际会，树木犹为人爱惜。
云来气接巫峡长，月出寒通雪山白。
忆昨路绕锦亭东，先主武侯同閟宫。
崔嵬枝干郊原古，窈窕丹青户牖空。
落落盘踞虽得地，冥冥孤高多烈风。
扶持自是神明力，正直原因造化工。
大厦如倾要梁栋，万牛回首丘山重。
不露文章世已惊，未辞剪伐谁能送？
苦心岂免容蝼蚁，香叶终经宿鸾凤。
志士幽人莫怨嗟：古来材大难为用。

赏析:这首诗作于766年(唐代宗大历元年)。杜甫一生郁郁不得志,先是困居长安十年,后逢安史之乱。48岁后弃官,携家逃难,曾一度在夔州居住。此诗即是杜甫54岁在夔州时对夔州武侯庙前的古柏的咏叹之作。牖,音yǒu,开在墙壁上的窗叫"牖"。诗的前六句以古柏兴起,赞其高大,君臣际会。再写夔州古柏,想到成都先主庙的古柏,最后抒发诗人宏图不展的怨愤和大材不为用之感慨。

全诗比兴为体,一贯到底,咏物兴怀,浑然一体。句句写柏,句句喻人,言言在柏,而意在人。诗人认为诸葛武侯之所以能够建功立业,是因为君臣相济。诗作借此抒发自己不能为朝廷理解重用,满腹的学问不能发挥,难以报效朝廷的无限感慨。

图2　圆　柏

【植物文化】

柏树寓意:坚强不屈。

柏树象征坚强不屈。柏树寿命极长,所以庙坛里常常见到,以示"江山永固,万代千秋"之意。在国外,柏树是情感的象征,常出现在墓地,象征后人对前人的敬仰和怀念。

常见柏科植物还有圆柏(*Sabina chinensis*)(图2),其识别特征是同时具有刺形叶和鳞形叶,嫩叶常为鳞形叶,老叶常为刺形叶。

图3 刺 柏

刺柏（*Juniperus formosana*）（图3），识别特征是叶三叶轮生，全株具条状刺形叶。

翠柏（*Calocedrus macrolepis*）（图4），具有矩圆形球果而容易识别，在国务院1996年发布的《中华人民共和国野生植物保护条例》中列为国家Ⅱ级重点保护野生植物。

侧柏（*Platycladus orientalis*）（图5），中国特产，该植物因生鳞叶的小枝排成同一平面而容易识别。

图4 翠 柏

图5 侧 柏

罗汉松篇

罗汉松 *Podocarpus macrophyllus*

图1　罗汉松

【科】罗汉松科 Podocarpaceae

【属】罗汉松属 *Podocarpus*

【主要特征】常绿针叶乔木，叶螺旋状着生，条状披针形（图1）。雄球花穗状（图2），雌球花单生叶腋，基部有少数苞片。果实具肉质种托，熟时红色或紫红色，故名罗汉果（图3），种子卵圆形，先端圆，熟时肉质假种皮紫黑色，有白粉，花期4～5月，果期8～9月。

【分布】广植于我国多省份，野生的极少；日本也有分布。

【用途】材质细致均匀，可作家具、器具及文具等用；观赏。

图2　罗汉松孢子叶球

图3　罗汉果(幼嫩)

【植物诗歌】

忆家园一绝

明·赛涛

日望南云泪湿衣，家园梦想见依稀。
短墙曲巷池边屋，罗汉松青对紫薇。

赏析：赛涛，浙江杭州人，姓赵。正德年间随母姐观灯，被恶徒掠卖至临清妓院，因其诗词赛过薛涛，故号“赛涛”。后为姐夫周子文相救，携归。诗文思念家园，怀想家乡故园中的短墙曲巷，还有房屋旁边的罗汉松和紫薇树。

【植物文化】

罗汉松之得名，源于其结果的过程和果实的结构。果实下面粉绿色的构造，主要功能是托住种子，所以叫“种托”。“种托”之上会长出一个个“罗汉头”。种托刚长出来时绿色，后来会慢慢变黄，最后变红甚至紫黑。圆滚滚的绿色种子和种托连在一起，就像一位身披袈裟的小罗汉，随着季节的变化，会看到“绿罗汉”“黄罗汉”“红罗汉”和“紫罗汉”（图4，图5）。罗汉松契合了中国文化“长寿”“守财吉祥”等寓意。

目前栽培的有其他罗汉松：短叶罗汉松（*Podocarpus macrophylla* var. *maki*），常绿针叶小乔木，灌木状；狭叶罗汉松（*Podocarpus macrophyllus* var. *angustitolius*），叶子是条状而细长形。江西罗汉松树王位于九江市庐山市白鹿乡万杉村詹家崖自然村，树龄约1 600年，树高约20 m，胸围6.06 m，平均冠幅21.75 m。2018年被全国绿化委员会办公室和中国林学会评为“中国最美古树”。

图4 罗汉果

图5 罗汉果（李 波 摄）

蕨菜篇

蕨 *Pteridium aquilinum* var. *latiusculum*

【科】蕨科 Pteridiaceae

【属】蕨属 *Pteridium*

【主要特征】蕨根状茎长而横走，密被锈黄色柔毛。叶远生（图1）。柄长20～80 cm，三回羽状。叶轴及羽轴均光滑，下面被疏毛，少有密毛，各回羽轴上面均有深纵沟1条，沟内无毛。

【分布】分布于全国各地，世界其他热带及温带地区也常见。

【用途】蕨的根状茎提取的淀粉称蕨粉，供食用；根状茎纤维可制绳缆，能耐水湿；嫩叶可食，称蕨菜；全株均入药，驱风湿、利尿、解热，又可作驱虫剂。

图1 蕨

【植物诗歌】

国风·召南·草虫(节选)

陟彼南山,言采其蕨;未见君子,忧心惙惙。

亦既见止,亦既觏止,我心则说。

陟彼南山,言采其薇;未见君子,我心伤悲。

亦既见止,亦既觏止,我心则夷。

赏析:这是一首妻子思念丈夫的诗。陟(zhì),登高。登上高高的南山头,采摘鲜嫩的蕨菜叶,没有看见思念的丈夫,忧思不断真凄切;登上高高的南山顶,采摘鲜嫩的巢菜苗,没有看见思念的丈夫,很悲伤很烦恼。如果能够看见他,如果已经偎着他,那么心情就愉悦了。从"言采其蕨"到"言采其薇",说明了时间从春天又到夏天。诗中用妻子劳作内容的不同,将时间跨度表现了出来,从前一年的秋天到第二年的夏天,表明了分别时间之长,也表现出了思念之深。

【植物文化】

蕨菜,俗称"蕨儿苔",形似蒜苔又似细笋,食时喷香可口,可上宴席。早在三千年前,蕨菜就成为人们的美味佳肴。《诗经》中的"陡彼南山,言采其蕨",写出了人们欢声笑语,成群结队去采蕨菜的情景。历代咏蕨菜的诗歌数不胜数,如诗人温庭筠写道:"蜀山攒黛留晴雪,蓼笋蕨菜萦九折。"李白也写道:"昔在南阳城,唯餐独山蕨。"而诗人陆游更是在多首诗中写到蕨菜:"箭笋蕨菜甜如蜜,笋蕨何妨谈煮羹。""墙阴春荠老,笋蕨正登盘。"

图2 幼嫩的蕨

苔藓篇

葫芦藓 *Funaria hygrometrica*

【科】葫芦藓科 Funariaceae

【属】葫芦藓属 *Funaria*

【主要特征】属于苔藓类植物，植物体矮小(图1)，只有1~3 cm，有茎和叶的分化，叶又小又薄，无叶脉，呈卵形或舌形。没有真正的根，只有短而细的假根，起固着作用。孢子繁殖，雌雄同株。

【分布】世界各地广为分布。

【用途】药用，除湿、止血，主治痨伤吐血，跌打损伤，湿气脚痛；盆景中作蓄水装点植物。

【植物诗歌】

苔

清·袁枚

白日不到处，青春恰自来。

苔花如米小，也学牡丹开。

赏析：春天和煦的阳光照不到的背阴处，生命照常在萌动，苔藓仍旧长出绿意来。苔花(雌雄生殖托)虽如米粒般微小，依然像那高贵的牡丹一样热烈绽放。苔藓寄生于阴暗潮湿之处，可它也有自己的生命本能和生活意向，并不会因为环境恶劣而丧失生发的勇气，表达诗人乐观向上的处世观。

【植物文化】

古诗文中的苔类文章均泛指苔藓类植物或其他藓类植物，并不特指某一物种。

实际上，苔藓并不是一个物种。苔藓植物门分为三纲：角苔纲、苔纲、藓纲。

图1　葫芦藓

图2　地钱雄株(帽状雄生殖托)

图3　地钱雌株(伞状雌生殖托)

图4　阶前的葫芦藓

图5　珠藓科植物

地钱(*Marchantia polymorpha*)是苔纲地钱科地钱属的代表植物,属于苔类,该物种雌雄异株(图2,图3)。

葫芦藓是藓纲葫芦藓科葫芦藓属的代表植物,有时与地钱混生,诗文中的苔类常泛指葫芦藓或两者混生或者其他藓类如珠藓科植物(图4,图5,图6),并不特指某一物种。如宋朝晁公溯的《春晚》诗句:“苔色侵阶上,晴光度隙来,庭花随鸟下,池藻逐鱼开。”

图6　混生的地钱和葫芦藓　(师雪芹　摄)

松萝篇

松　萝 *Usnea diffracta*

图1　松萝　（严岳鸿　摄）

【科】松萝科 Usneaceae

【属】松萝属 *Usnea*

【主要特征】又名女萝、龙须草、天蓬草等，属地衣门松萝科植物。喜生于深山的松树、云杉、冷杉或高山岩石上，成悬垂条丝状（图1）。枝圆柱形，少数末端稍扁平或棱。枝体基部直径约3 mm，主枝粗3～4 mm，次生分枝整齐或不整齐，多回二叉分枝。

【分布】中、南美洲广布，我国各地均有。

【用途】药用，清肝，化痰，外治毒蛇咬伤等。

【植物诗歌】

咏女萝诗

南朝·王融

幂历女萝草，蔓衍旁松枝。

含烟黄且绿，因风卷复垂。

赏析：幂历，植被弥漫笼罩状。这首诗描述了黄绿色的松萝在松枝上恣意蔓延，随风而舞，如同笼烟，十分洒脱自然的样子。

【植物文化】

花语：神秘。

古诗词中“松萝”的意指庞杂。《毛诗·小雅》写道：“茑与女萝，施于松柏”。女萝，即松萝。人们用松的高大烘托松萝的弱小，并由描述自然景观逐渐演变成为比拟人类社会的朋友或情人关系，或表达女性依赖男性等社会关系，如“女萝依松柏，然后得长存”。而在另外一些诗人眼里，松萝却是赞美和寄意的对象，如明万历年间的佘翔诗：“晚照挂松萝，岩居乐事多。”还有表达夫妻间的缠绵情意，如“绣被初覆时，恩情两颠倒。山木爱女萝，缠绵愿终老”。

拉丁文索引

A

Abelmoschus esculentus 125

Acer buergerianum 50

Acer palmatum cv. *dissectum* 50

Acer palmatum f. *atropurpureum* 49

Acorus calamus 230

Acorus gramineus 232

Acorus tatarinowii 229

Albizia julibrissin 97

Alpinia galanga 261

Althaea rosea 125

Amaranthus tricolorl 16

Amorpha fruticosa 96

Amygdalus persica 62

Armeniaca mume var. *bungo* 70

Armeniaca vulgaris 68

Arundo donax 217

Arundo donax var. *versicolor* 217

B

Basella alba 124

Begonia grandis subsp. *sinensis* 134

Begonia semperflorens 133

Belamcanda chinensis 256

Bletilla striata 268

Brachyscome angustifolia 194

Brachystachyum densiflorum 200

Brassica napus 46

Brugmansia aurea 176

C

Calanthe graciliflora 268

Calocedrus macrolepis 279

Calystegia hederacea 166

Calystegia silvatica subsp. *orientalis* 167

Camellia sasanqua 132

Camellia sinensis 131

Camellia sp. 132

Campsis grandiflora 141

Campsis radicans 140

Canna sp. 263

Cassia corymbosa 90

Cassia tora 89

Celosia argentea 15

Celosia cristata 14

Cerasus discoidea 61

Cerasus pseudocerasus 58

Cerasus serrulata var. *lannesiana* 59

Cerasus yedoensis 60

Cercis chinensis 101

Cercis chinensis f. *alba* 102

Chaenomeles cathayensis 55

Chaenomeles speciosa 55

Chimonanthus praecox 37

Chlorophytum comosum 240

Cinnamomum camphora 40

Clerodendrum trichotomum 128

Cocos nucifera 226

Coix lacryma-jobi 185

Cornus officinalis 106

Cortaderia selloana 232

Cuscuta chinensis 42

Cuscuta japonica 43

Cycas revoluta 269

Cymbidium goeringii 265

Cypripedium japonicum 268

D

Dahlia pinnata 194

Dendranthema morifolium 192

Dianthus chinensis 20

Dianthus superbus 21

Diospyros glaucifolia 152

Diospyros kaki 151

E

Epiphyllum oxypetalum 168

Erythrina variegata 103

Eupatorium fortunei 266

Eupatorium japonicum 266

F

Ficus pumila 9

Firmiana platanifolia 126

Funaria hygrometrica 285

G

Galeola faberi 268

Gardenia jasminoides 180

Gardenia jasminoides cv. *prostrata* 181

Ginkgo biloba 271

Glycine max 88

Glycine soja 87

Gomphrena globosa 18

Gossampinus malabarica 119

H

Helianthus annuus 195

Hemerocallis fulva 238

Hemerocallis fulva 'Golden Doll' 239

Hemerocallis sp. 239

Hibiscus mutabilis 117

Hibiscus rosa-sinensis 114

Hibiscus schizopetalus 116

Hibiscus syriacus 115

Hosta albo-marginata 245

Hosta plantaginea 244

Hosta ventricosa 245

Hydrocleys nymphoides 45

I

Impatiens balsamina 110

Impatiens davidi 111

Imperata cylindrical 220

Iris ensata var. *hortensis* 230

Iris japonica 254

Iris pseudacorus 230

Iris sanguinea 230
Iris tectorum 255

J

Jasminum floridum 159
Jasminum floridum subsp. *giraldii* 158
Jasminum nudiflorum 157
Jasminum sambac 182
Juniperus formosana 279

L

Lagenaria siceraria 168
Lagenaria siceraria var. *hispida* 168
Lagerstroemia indica 138
Lemna minor 233
Lemna trisulca 234
Leonurus artemisia 172
Leonurus artemisia var. *albiflorus* 173
Lilium brownii var. *viridulum* 236
Lilium lancifolium 237
Liquidambar formosana 48
Lonicera japonica 188
Lonicera maackii 189
Lychnis coronata 23
Lychnis fulgens 22
Lycium chinense 174
Lycoris chinensis 252
Lycoris radiata var. *radiata* 251

M

Magnolia cylindrica 32
Magnolia grandiflora 32
Magnolia liliiflora 32
Magnolia soulangeana 32
Malus halliana 54
Malus micromalus 55
Malva verticillata 123
Marchantia polymorpha 286
Melia azedarach 108
Metaplexis japonica 164
Michelia chapensis 36
Michelia figo 34
Michelia maudiae 35
Morus alba 6
Musa acuminata 260
Musa basjoo 259
Musa velutina 260
Myrica rubra 4

N

Nandina domestica 28
Narcissus tazettal. var. *chinensis* 249
Nelumbo nucifera 24
Nerium indicum 162
Nymphoides peltata 160

O

Ophiopogon japonicus 242
Opuntia monacantha 135
Oroxvlum indicum 256
Oryza sativa 201
Osmanthus fragrans 153
Osmanthus fragrans 'Aurantiacus' 154
Osmanthus fragrans 'Odoratus' 154

Ottelia alismoides 185

P

Paeonia obovata 27
Paeonia suffruticosa 26
Panicum miliaceum 209
Papaver rhoeas 44
Papaver somniferum 45
Passiflora caerulea 129
Passiflora coccinea 130
Paulownia tomentosa 178
Phalaenopsis aphrodite 268
Photinia × fraseri 86
Photinia serrulata 85
Phragmites australis 215
Phyllostachys heterocycla 199
Pinus massoniana 276
Pinus taiwanensis 273
Pinus thunbergii 276
Plantago asiatica 184
Plantago virginica 185
Platanus acerifolia 127
Platycladus orientalis 279
Podocarpus macrophylla var. *maki* 282
Podocarpus macrophyllus 280
Podocarpus macrophyllus var. *angustitolius* 282
Polianthes tuberose 253
Polygonum criopolitanum 13
Polygonum orientale 11
Populus × *canadensis* 3
Populus × *euramevicana* cv.‘I–214’ 3
Primula cicutariifolia 150
Primula merrilliana 149
Prunus cerasifera 67
Prunus salicina 65
Pteridium aquilinum var. *latiusculum* 283
Punica granatum 142
Punica granatum var. *pleniflora* 143

R

Reineckia carnea 243
Rhododendron anwheiense 148
Rhododendron dauricum 147
Rhododendron maculiferum 148
Rhododendron maculiferum subsp. *anwheiense* 148
Rhododendron pulchrum 147
Rhododendron simsii 146
Robinia pseudoacacia 96
Rosa chinensis 53
Rosa laevigata 83
Rosa multiflora 51
Rosa odorata 53
Rosa rubus 52

S

Sabina chinensis 278
Sabina chinensis ‘Kaizuca’ 277
Sagittaria latifolia 197
Sagittaria pygmaea 198
Sagittaria trifolia var. *sinensis* 198
Salix babylonica 1
Salvinia natans 235
Setaria glauca 214
Setaria italica 211

Setaria viridis 213
Sinocalycanthus chinensis 39
Smilax china 246
Smilax glabra 248
Sophora japonica 95
Sophora japonica var. *japonica* f. *pendula* 96
Sorbaria kirilowii 81
Sorbaria sorbifolia 82
Sorghum bicolor 207
Spiraea prunifolia 79
Spiraea prunifolia var. *simpliciflora* 79
Spiraea vanhouttei 80
Spirodela polyrrhiza 234
Syringa oblata 155

T

Tagetes erecta 194
Taraxacum mongolicum 194
Tetradium sp. 105
Trachycarpus fortunei 224
Trapa bispinosa 144
Trapa incise 145
Triarrhena sacchariflora 216
Triticum aestivum 203
Typha angustifolia 229
Typha domingensis 228
Typha orientalis 229

U

Usnea diffracta 287

V

Vernicia fordii 179
Viburnum macrocephalum 186
Viburnum macrocephalum f. *keteleeri* 186
Viburnum plicatum 187
Vicia hirsuta 93
Vicia sepium 91
Vicia tetrasperma 93
Viola tricolor 258

W

Weigela florida 190
Weigela florida 'Red Prince' 191
Wisteria sinensis 99
Wolffia arrhiza 234

Z

Zea mays 205
Zinnia elegans 194
Zizania caduciflora 222
Ziziphus jujuba 112
Zygocactus truncatus 136

中文索引

矮慈姑 198
安徽杜鹃 148
安徽羽叶报春 149
芭 蕉 259
菝 葜 246
白花泡桐 179
白花益母草 173
白花紫荆 102
白 及 268
白 茅 220
白 梅 73
白玉兰 30
百 合 236
百日红 19
百日菊 194
百香果 130
北美车前 185
草芍药 27
侧 柏 279
茶 131
茶 梅 132
菖 蒲 230
车 前 184
臭梧桐 128
垂 柳 1
垂丝海棠 54
春 兰 265
刺 柏 279
刺 槐 96
刺 桐 103
翠 柏 279
打碗花 166
大巢菜 91
大 豆 88
大丽菊 194
丹 桂 154
单瓣李叶绣线菊 79
单刺仙人掌 135
荻 216
地 钱 286
吊灯扶桑 116
吊 兰 240
冬 葵 123
杜 鹃 146
短穗竹 200
短叶罗汉松 282
二乔木兰 32
二球悬铃木 127
法国梧桐 127
飞黄玉兰 32
粉红芭蕉 260
枫 香 48

凤仙花　110
扶　桑　114
浮　萍　233
高　粱　207
钩距虾脊兰　268
狗尾草　212,213
枸　杞　174
菰　222
牯岭凤仙花　111
鼓子花　167
光菝葜　248
广玉兰　32
桂　花　5,17,55,153
国　槐　95
含　笑　34
合　欢　97
黑　松　276
红碧桃　64
红豆蔻　261
红　枫　49
红花石蒜　251
红花西番莲　130
红　蓼　11
红　梅　72
红山茶　132
红王子锦带花　191
红叶李　67
红叶石楠　86
葫　芦　168
葫芦藓　285
蝴蝶花　254
蝴蝶兰　268
蝴蝶戏珠花　257
瓠　子　168
花菖蒲　230
花叶芦竹　217
华北珍珠梅　81
华夏慈姑　198
槐叶萍　235
黄菖蒲　230
黄花菜　239
黄花木本曼陀罗　177
黄山杜鹃　148
黄山木兰　32
黄山松　273
黄素馨　158
火龙果　137
鸡冠花　14
姬小菊　194
吉祥草　243
加　杨　3
夹竹桃　162
剪春罗　23
剪秋罗　22
金钱蒲　232
金色狗尾草　214
金娃娃萱草　239
金银花　188
金银木　189
金樱子　83
堇叶报春　150
锦带花　190

银　杏　271
罂　粟　45
樱　桃　58
迎春花　157
迎春樱　61
油　菜　46
油　桐　179
虞美人　44
羽毛枫　50
玉　米　205
玉　簪　244
鸢　尾　255
圆　柏　278
猿　滑　19
月　季　53
枣　112
泽　兰　266
樟　树　40
长苞香蒲　228
浙江柿　152
珍珠梅　82
栀　子　180
中国石蒜　252
中华秋海棠　134
重瓣红石榴　143
朱　槿　114
紫丁香　155
紫　萼　245
紫　荆　101
紫　萍　234
紫穗槐　96
紫　藤　99
紫　薇　19,138,139,281
紫玉兰　32
紫玉簪　245
棕　榈　224